NHK
趣味の園芸

12か月
栽培ナビ

ブドウ

望岡亮介
Mochioka Ryosuke

12か月
栽培ナビ
Grape

副梢を取り除く著者。

目次 Contents

本書の使い方 …………………………………………… 4

ブドウ　魅力と基本　　　　5

ブドウの魅力 ……………………………………………6
ブドウの株のつくり ……………………………………8
ブドウの特性と栽培のポイント ………………………10
ブドウの品種について …………………………………12
おすすめのブドウ品種
　黒色系品種 …………………………………………14
　紅色系品種 …………………………………………18
　白色系品種 …………………………………………21
　ワイン専用品種 ……………………………………24

12か月栽培ナビ　25

ブドウの年間の作業・管理暦 …… 26
- **1月** 整枝、剪定／仕立て方 …… 28
- **2月** 主枝、結果母枝の誘引／粗皮削り …… 38
- **3月** 植えつけ、植え替え …… 40
- **4月** 新梢の芽かき、誘引／副梢と巻きひげの取り除き … 44
- **5月** 新梢の摘心／摘房／花房整形／ジベレリン処理／雨よけ／マルチング …… 48
- **6月** 摘粒／袋かけ、傘かけ／新梢の摘心、誘引／とり木／鉢植えの施肥／庭植えの水やり …… 56
- **7月** 樹上選果／鳥害対策 …… 66
- **8月** 収穫 …… 70
- **9月** 早期落葉の防止／お礼肥（庭植え） …… 74
- **10月** 土づくり（庭植え） …… 76
- **11月** 落ち葉の処理／防寒 …… 78
- **12月** …… 80

ブドウの病害虫 …… 82
ブドウのトラブル …… 88
ブドウにまつわる3つの話 …… 92
用語ナビ …… 94

Column

- 苗木の購入 …… 29
- 放任した棚仕立ての仕立て直し …… 35
- つぎ木苗か自根苗か …… 37
- 芽傷処理 …… 41
- 誘引で枝を折らない技　捻枝 …… 47
- 果房の成長 …… 51
- ジベレリン処理の効果 …… 55
- ブドウの代表的な病気と害虫 …… 59
- 小粒品種の摘粒の効果 …… 61
- 高温対策、日焼け防止を …… 71
- ブルーム（果粉）の働き …… 73
- 新梢の登熟 …… 75
- 果実以外の利用も楽しむ …… 79
- 水やりで防寒 …… 80
- オリジナルの新品種をつくる …… 81
- 防除の基本 …… 82
- なぜ樹勢を抑えるとよいのか …… 90

本書の使い方

ナビちゃん
毎月の栽培方法を紹介してくれる「12か月栽培ナビシリーズ」のナビゲーター。どんな植物でもうまく紹介できるか、じつは少し緊張気味。

本書はブドウの栽培にあたって、1月から12月に分けて、月ごとの作業や管理を詳しく解説しています。また、主な種類・品種の解説や病害虫の防除法などを、わかりやすく紹介しています。

＊「**ブドウ　魅力と基本**」（5〜24ページ）では、ブドウの株のつくりや栽培特性、代表的な品種などを紹介しています。

＊「**12か月栽培ナビ**」（25〜81ページ）では、月ごとの主な作業と管理を、初心者でも必ず行ってほしい 基本 と、中・上級者で余裕があれば挑戦したい トライ の2段階に分けて解説しています。主な作業の手順は、適期の月に掲載しています。

今月の作業を
リストアップ

初心者でも必ず行ってほしい作業

トライ
中・上級者で余裕があれば挑戦したい作業

今月の管理の要点を
リストアップ

＊「**ブドウの病害虫**」（82〜87ページ）では、ブドウに発生する主な病害虫とその対策方法を解説しています。

＊「**ブドウのトラブル**」（88〜91ページ）では、よくある栽培上のトラブルについて解説しています。

● 本書は関東地方以西を基準にして説明しています。地域や気候により、生育状態や開花期、作業適期などは異なります。また、水やりや肥料の分量などはあくまで目安です。植物の状態を見て加減してください。

● 種苗法により、種苗登録された品種については譲渡・販売目的での無断増殖は禁止されています。また、品種によっては、自家用であっても譲渡や増殖が禁止されており、販売会社と契約書を交わす必要があります。とり木などの栄養繁殖を行う場合は事前によく確認しましょう。

ブドウ
魅力と基本

おいしい果実を収穫するために、
知っておきたい特徴や性質、
品種を紹介します。

Grape

ブドウの魅力

1　品種がとても多い

ブドウには、果皮の色、果粒の形、果肉の色、果実の香り、自然状態でのタネの有無など、形質による分け方がさまざまあり、多くの品種から好みのものを選ぶことができます。

なかには、'甲州'のように秋に鮮やかに紅葉する品種もあり、葉を観賞するという楽しみ方もあります。

2　最近見かけなくなった品種に掘り出し物がある

ブドウ農家で使われている品種は、果粒の大粒化の方向に進んでいて、最近では1粒100g以上の超巨大果粒の品種が出てきました。それに伴い、味はよいけれど、収穫量が少ない品種や果粒が小さい品種は、だんだん栽培されなくなっています。

しかし、家庭で楽しむぶんには、収穫量や果粒の大きさにこだわらず、味がよいものを栽培したいもの。'キャンベル・アーリー'、'バッファロー'、'ネヘレスコール'、'スチューベン'のような最近見かけなくなった品種にも掘り出し物があります。

3　タネあり果実を楽しむ

最近では、食べやすさから、ブドウはタネなしでなければならないような風潮になっています。それらはジベレリン処理（54ページ参照）をして、タネなし果にしたものです。

しかし、じつはジベレリン処理でタネなしにした果実よりも、処理をしないタネあり果のほうが味は濃く、糖度も高く、おいしいものです。香りが高いこともあります。

植物は何のために果実をつくるのかという根本的な理由を考えると、果実の中のタネを動物によって散布してもらうことが一番大切で、そのために味や香りをよくしているわけです。

4　土壌適応幅が大きく、乾燥に強い

　ブドウの栽培に適している土壌酸度は弱酸性から弱アルカリ性ですが、生育できる土壌酸度の幅はもう少し広く、日本ではたいていの土壌で酸度を矯正せずに栽培できます。また、土壌が粘土質でも、土壌の水はけや通気性を改善すれば栽培可能です。

　やせた土でも十分育つので、少々施肥を忘れても樹勢の低下が起きにくく、乾燥にも比較的耐えます。

　一方、多湿状態では病気にかかりやすいものも多いので、多くの品種は無農薬、省農薬栽培が難しいです。

5　新梢をどう切っても花がつきやすい

　果樹のなかには、新梢の特定の位置にしか花がつかないものがあり、そこを切り落としたら1年間は果実が実らないという、残念な結果をもたらします。そのような果樹は悩みながら剪定するはめに陥ります。

　それに対し、ブドウの場合、新梢上の芽はたいてい花のもとをもっているので、植えつけて日が浅い若い苗木や日当たりの悪い場所に植えている苗木でなければ、どのように新梢を切っても花がつきます。

ブドウの株のつくり

　毎年、結果母枝の節にある芽から、つる状の新梢(しんしょう)が伸びます。その年の春以降に、新梢に果実がつきます。

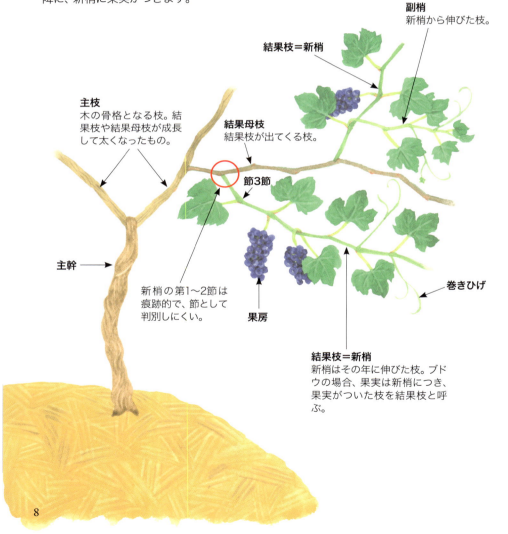

副梢
新梢から伸びた枝。

結果枝＝新梢

主枝
木の骨格となる枝。結果枝や結果母枝が成長して太くなったもの。

結果母枝
結果枝が出てくる枝。

節3節

主幹

新梢の第1〜2節は痕跡的で、節として判別しにくい。

果房

巻きひげ

結果枝＝新梢
新梢はその年に伸びた枝。ブドウの場合、果実は新梢につき、果実がついた枝を結果枝と呼ぶ。

果梗 小果梗

果粒

果房
果粒が集まって果房になる。

雄しべの花糸　雄しべの葯
雌しべの柱頭

花房（上）と花（下）
花房は蕾や花の集合体。花に花弁はなく、開花すると、雄しべと、花粉がつく雌しべの柱頭が伸びる。

花房になり損ねた巻きひげ

●新梢

　その年に新たに伸びた枝のことです。節があり、各節には葉、花房（果房）、巻きひげ、わき芽（翌年の葉や花のもとをもつ混合花芽）がつきます。葉は新梢の左右に互い違いに出ます。

●花房（果房）

　葉の反対側の位置につきます。1新梢内の花房数は栽培品種によってほぼ定まっていて、ほとんどは新梢の第4〜5節に第1〜2花房を、第7〜8節に第3〜4花房をつけます。さらに先の節にもつくものや、第1〜2花房しかつかないものもあります。

●巻きひげ

　もとは花と同じ器官ですが、幼苗などのように木が体力不足の場合は、蕾にまで分化できず、巻きひげで止まってしまいます。巻きひげは葉の反対側につき、多くは二叉です。大部分の品種は、2節続けてついて1節とび、また2節つくという規則性があります。

●副梢

　新梢のわき芽が二次的に伸びた枝で、二番枝ともいいます。新梢が上向きに伸びていると副梢の成長は抑えられますが、新梢を水平方向や下垂方向に誘引すると成長が盛んになります。

ブドウの特性と栽培のポイント

ブドウに適した地域と温度

地域　ブドウは温帯の農作物で、年平均気温が10〜20℃の地域が栽培適地とされ、北半球では北緯30〜50度の範囲に収まります。日本では鹿児島県吐噶喇列島の口之島以北です。

寒さ　新梢が落葉期に十分に茶色く木化していたら、−10℃ぐらいまで耐えられます。寒さに一番弱い時期は、萌芽直後の新葉が出てまもないころで、氷点下にならなくても遅霜で葉が枯れることがあります。

暑さ　高温は生育期間中の果皮の色づきに大きく影響します。

　果皮の着色が始まるのは、年間で最も気温の高い夏です。そのため、真夏日、猛暑日、熱帯夜になりやすい暖地では、着色系品種で果皮の着色不良が起こりやすく、低糖度となって味が悪くなります。被害は黒色系品種より紅色系品種のほうが甚大です。鉢植えでは涼しい場所への移動、庭植えでは高温期の葉への散水などで防ぎます。

　なお、土壌が乾燥すると、そのストレスで果皮の着色が促進されることもあるので、庭植えで色づきが悪い品種でも、鉢植えにして乾かし気味に育てると、着色がよくなることもあります。

ブドウに適した土壌

やせ地でも育つ　果樹を新たに植える場合に、「スギの跡地にはナシを、アカマツの跡地にはモモやブドウを」といわれます。これは、ナシはスギが育つような、肥沃で保水性の高い土壌を好むのに対し、モモやブドウは、アカマツが育つような、やせて乾きやすい土壌でもよく育つことを示しています。

水はけのよい土を　土壌や用土は特に選びませんが、水はけと通気性のよいものが適します。水はけが悪い庭の場合、盛り土や畝立てをして改善すれば、粘土質の土壌でも十分育てられます。

土壌酸度　弱酸性から弱アルカリ性の土壌が望ましいのですが、生育できる土壌pHの範囲は比較的広いため、生育不良や葉の黄化などの症状が出なければ、土壌pHの矯正は特に神経質になる必要はありません。

庭植えか、鉢植えか

　どちらにも長所、短所があります。

　大きな果房や多くの果実を収穫したいのであれば庭植えが有利です。しか

太陽の光を浴びて成長する肥大期の果実。

し、木自体が大きくなり、広い場所が必要です。鉢植えでは木を小さく育てることができ、管理の目も行き届きますが、根の広がる範囲が狭いので、収穫量は減ります。

　なお、'マスカット・オブ・アレキサンドリア'などの欧州種は低湿度を好むので、日本での庭植えはかなり困難です。雨よけしても空中湿度が高いと病害が発生するため、鉢植えで雨が当たらない場所で栽培したほうが、病害の発生が抑えられることもあります。

多くなると、果肉の急激な肥大に果皮の成長が追いつかず、裂果します。そのため、果粒が肥大し始めてからは、乾燥しすぎないように注意します。

肥料　肥料を多く施すと樹勢が強くなりすぎ、新梢ばかり伸びて、実つきが悪くなる、組織が軟弱になって病害虫に侵されやすくなるなどの弊害が出ます。そのため、庭植えでは、特に生育が悪くなければ収穫直後のお礼肥程度で十分です。鉢植えは新梢の伸長期から収穫期まで定期的に施します。

栽培環境と管理

日当たり、風通し　高品質の果実をつくるために好ましいのは、日当たり、風通しのよい場所です。ブドウは、新聞が読めるぐらいの明るさであれば光合成は行えますが、高品質の果実を収穫するには、葉がある時期に、半日以上は日光に直接当たる場所で育てましょう。また、風通しが悪いと、病気や害虫が発生しやすくなります。

水やり（土壌水分）　ブドウは乾燥に強い植物ですが、果皮の薄い品種は乾燥状態になると果皮の伸びが悪くなり、その後、土壌に含まれる水分量が

人工授粉の必要はない

　多くのブドウ栽培品種の花は、雄しべも雌しべもある両全花（両性花ともいう）で、自家受粉をするため、人工授粉を行う必要はありません。

　しかし、花粉に発芽能力がない品種もあり、その場合は自家受粉できません。近くに健全花粉をもつ品種があれば虫媒受粉で結実しますが、ジベレリン処理でタネなしにしたほうが確実です。健全花粉をもたない品種の雄しべの花糸（9ページ参照）は湾曲しているので、花をよく観察すれば見分けられます。

ブドウの品種について

ブドウのプロフィール

栽培ブドウは、ブドウ科ブドウ属のつる性落葉低木です。葉の反対側に巻きひげがあり、巻きひげをものに巻きつけて成長します。

ブドウ属（学名は *Vitis*）は世界に90種ほどあり、①黒海沿岸から南ヨーロッパ、②北アメリカ、③東アジアの3か所に分布しています。日本にもヤマブドウ、サンカクヅル、エビヅルなどの野生種が自生しています。

栽培ブドウの大半は、①黒海沿岸などの南ヨーロッパに自生する *Vitis vinifera* という種の亜種 *sylvestris* と、②北アメリカに自生する *Vitis labrusca* という種の2つをもとにし、それぞれから「欧州種」と「米国種」がつくられています。

ヤマブドウ
北海道から四国の山地の林に自生する。生食用のブドウ品種より果粒は小粒で酸味が強いが、食べることはできる。

欧州種、米国種、欧米雑種

現在、世界的に多い栽培品種は欧州種ですが、高温多湿の日本の気候で欧州種を栽培することは困難です。

一方、米国種は耐病性が強く、湿潤な環境でも露地栽培は可能ですが、果実の品質が劣ります。そのため、高品質な欧州種と耐病性の強い米国種の両方の長所をもつ品種づくりが行われています。その結果、日本で栽培されている品種の大半は欧米雑種です。

フォクシー香とマスカット香

米国種や欧米雑種にはブドウ・キャンディのような甘い独特な香りをもつものがあります。そのような香りは「フォクシー香」（フォクシー・フレーバー、狐臭とも）と呼ばれ、欧米人には好ましくない香りとされています。しかし、日本人には、さわやかで上品な「マスカット香」より好まれることも多くあります。日本人は主に欧米雑種の品種を長い間食べてきたため、フォクシー香に慣れていることが大きな原因でしょう。93ページの香りの話もあわせてご覧ください。

2倍体と4倍体

　2倍体と4倍体は、ブドウの細胞の中にある染色体のセットの数を表す言葉です。聞き慣れないので少し難しく感じるかもしれません。

　ブドウは、形が少しずつ異なる19種類の染色体をもっています。「2倍体」のブドウは、1つの体細胞内に同じ形の染色体が2セットずつ合計38本あり、「4倍体」のブドウは4セットずつ合計76本あるわけです。

　4倍体品種は、2倍体品種の倍の遺伝情報をもつために大粒のものが多く、2倍体品種に比べると果粒の中のタネは少なめです。しかし、花ぶるい（開花直後に幼い果粒の多くが落ちること）を起こして、果実が歯抜け状態になりやすいという難点もあります。対処方法は88ページを見てください。

　2倍体品種は、4倍体品種に比べ果粒が小粒で、1つの果粒の中にタネが多いものが多く、花ぶるいしにくいという特徴があります。

　なお、染色体が3セットある3倍体品種もあります。自然状態ではタネができず、その結果、果粒も小さく、ジベレリン処理により果粒を肥大させて利用します。

「巨峰群」の栽培のコツ

　4倍体品種の多くは'巨峰'およびその交配種をもとにしています。このようなグループは「巨峰群」と呼ばれ、香りの強さに強弱はありますが、前述のフォクシー香をもつものが多くあります。

　一般に果粒は2倍体品種より4倍体品種のほうが大きいため、大粒のブドウを育てようとしたら、4倍体品種を選びたくなるでしょう。その場合、4倍体品種のつぎ木苗を購入すると樹勢が強く、新梢が旺盛に伸びる、花ぶるいしやすいなどの生育上の問題がいくつか発生します。ところが、さし木苗はつぎ木苗に比べて樹勢が穏やかで管理しやすいので、初心者はまずさし木苗で慣れてから、次のステップとしてつぎ木苗に挑戦してみるとよいでしょう（37ページ参照）。

黒色系品種、紅色系品種、白色系品種

　一般的に、着色系品種（黒色系品種と紅色系品種）は味や香りが濃厚なものが多く、白色系品種は、さわやかな香りをもつものが多くあります。

おすすめのブドウ品種

人気が高く、苗木を入手しやすい品種を選びました。果粒の色や大きさ、収穫期、糖度などからお好みのものを見つけてみましょう。

❶ 収穫期
　ジベレリン処理をしたものは、収穫が2週間程度早まる。
❷ 糖度
❸ 果粒の色、果粒の重さ、果粒の形
国名が記されていない品種は日本で作出。

[14〜24ページに出てくる言葉]
・枝変わり→突然変異により、その個体とは遺伝形質が異なる枝が伸びてくること。枝変わりしたものが新しい品種となる。
・ジベレリン処理→54ページ参照
・脱粒→89ページ参照
・2倍体、4倍体→13ページ参照
・花ぶるい→88ページ参照
・フォクシー香→12、93ページ参照
・裂果→89ページ参照

黒色系品種

'巨峰'

'巨峰'（きょほう）

[欧米雑種・巨峰群　4倍体　巨大粒]
❶ 8月中旬〜9月中旬　❷ 18〜20度
❸ 紫黒色、10〜13g、短楕円形

'石原早生' と 'センテニアル' の交配品種。花ぶるいしやすいので、開花時に必ず花房整形や新梢の摘心をする。大房にすると果皮の着色不良となるため、1房350〜450g程度になるように整房する。フォクシー香がある。

'ピオーネ'

[欧米雑種・巨峰群　4倍体　巨大粒]
❶ 8月下旬　❷ 16〜21度
❸ 紫黒色、14〜20g、短楕円形

'巨峰' と 'カノンホール・マスカット' の交配品種とされているが、交配の組み合わせについては異論もある。'巨峰' より、果肉が締まり、果房が大きい。徒長しやすく、'巨峰' より果実がつきにくいので、摘心など栽培の手間はかかる。フォクシー香はあるが、'巨峰' よりは弱い。

'ピオーネ'

'ブラックビート'

🍇 '藤稔'
ふじみのり

[欧米雑種・巨峰群　4倍体　巨大粒]
❶ 8月中旬～下旬　❷ 16～18度
❸ 暗赤紫色～紫黒色、18～25g、短楕円形

「井川682号」と'ピオーネ'を交配して、1985年に品種登録された。花ぶるいは多少あるが、'巨峰'より少ない。樹勢が強く、耐病性も強く、栽培は容易。フォクシー香がある。

🍇 '紫玉'
しぎょく

[欧米雑種・巨峰群　4倍体　巨大粒]
❶ 7月下旬～8月上旬　❷ 18～22度
❸ 紫黒色、10～13g、短楕円形

'巨峰'の枝変わりで成熟が10日ほど早い'高墨'が、さらに枝変わりし、'巨峰'より2週間ほど成熟時期が早まった早生品種。'巨峰'よりやや果房や果粒が小さい。フォクシー香がある。

🍇 'ブラックビート'

[欧米雑種・巨峰群　4倍体　巨大粒]
❶ 7月下旬～8月上旬　❷ 16～19度
❸ 紫黒色、14～18g、短楕円形

'藤稔'と'ピオーネ'を交配し、2004年に品種登録された。近畿地方以西の暖地でも着色がよい。果肉の成熟より果皮の着色が早いので、早どりに注意する。香気はほとんどない。

🍇 'ブラック・オリンピア'

[欧米雑種・巨峰群　4倍体　巨大粒]
❶ 8月上旬～9月上旬　❷ 18～20度
❸ 紫黒色、14～18g、長楕円形

'巨峰'と'巨鯨'の交配品種とされているが、果皮の色素分析の結果が'巨峰'とほとんど同じであるため、'巨峰'の優良系統の一種との見方もある。収穫期は'巨峰'より数日早い。フォクシー香がある。

'宝満(ほうまん)'

[欧米雑種　2倍体　大粒]
❶8月中旬～9月中旬　❷17～18度
❸青黒色または紫黒色、8g、短楕円形

'キャンベル・アーリー' と 'マスカット・オブ・アレキサンドリア' を交配し、1992年に品種登録された。樹勢はやや強く、耐病性も比較的強く、栽培容易。わずかにフォクシー香がある。

'ウインク'

[欧州種　2倍体　大粒]
❶9月中旬～下旬　❷20度以上
❸紫黒色、10～11g、卵形

'ルーベル・マスカット' と '甲斐路(かいじ)' を交配し、1998年に品種登録された。性質は '甲斐路' に近い。脱粒が少なく、果房の日もちがよい。栽培は比較的容易で安定した収穫が可能。

'マスカット・ベーリーA'

[欧米雑種　2倍体　大粒]
❶9月中旬　❷20度以上
❸紫黒色、5～8g、円形

米国型雑種の 'ベーリー' と欧州種の 'マスカット・ハンブルグ' を1927年に交配してできた品種で、生食・醸造兼用の日本の主要品種の一つ。開花前と開花後の2回のジベレリン処理でタネなしとなる。非常に豊産性。耐病性は強いが、黒とう病(59、83ページ)にはかかりやすい。

'キャンベル・アーリー'

[欧米雑種　2倍体　中粒]
❶8月中旬～下旬　❷15～16度
❸紫黒色、6～7g、円形

1892年、'ムーア・アーリー' と、'ベルビデーレ' と 'マスカット・ハンブルグ' の交雑種との交配によりアメリカで作出。栽培は最も容易。強いフォクシー香がある。本品種の4倍体枝変わり品種の '石原早生' は '巨峰' の交配親となった。

'バッファロー'

[米国型雑種　2倍体　中粒]
❶8月初旬　❷20度以上　❸青みを帯びた紫黒色、ジベレリン処理果は5～6g、長楕円形(無処理果は3.5～5g、円形)

'ハーバート' と 'ワトキンス' の交配によりアメリカで作出。開花前と開花後の2回のジベレリン処理によりタネなしになる。耐寒性、耐病性が強く、豊産性があり、栽培容易。上品なフォクシー香がある。

'スチューベン'

[米国型雑種　2倍体　中粒]
❶8月下旬　❷18～23度
❸暗赤紫色～紫黒色、3～5g、円形

'ウェイン' と 'シェリダン' の交配によりアメリカで作出された品種で、1947年に発表。ハチミツに似た甘みと独特の香りがある。果皮は強く裂果はない。耐病性が強く、豊産性。耐寒性は弱く、凍害を受けやすいので、枝の充実を図るために果実をつけすぎない。

'ノースブラック'

[欧米雑種　2倍体　中粒]
❶8月中旬～下旬　❷16～18度
❸黒紫色、4g、短楕円形

'セネカ' と 'キャンベル・アーリー' を交配し、1991年に品種登録。寒冷地に適する品種で、寒冷地での収穫期は9月上旬～下旬。フォクシー香がある。収穫期は 'キャンベル・アーリー' より1週間程度早い。

'安芸(あき)シードレス'

[欧米雑種　2倍体　中粒]
❶8月中旬～下旬　❷18～19度　❸紫黒色、3～3.5g(ジベレリン処理果は4～5g)、短楕円形

'マスカット・ベーリーA' と 'ヒムロッド・シードレス' を交配し、1988年に品種登録されたタネなし品種。開花終了後から1週間以内の1回のジベレリン処理で4～5gに肥大する。果房は大きく、栽培も着色も容易。

---

❶収穫期　❷糖度　❸果粒の色、果粒の重さ、果粒の形

'スチューベン'

'サマーブラック'

 '高尾'

[欧米雑種・巨峰群　4倍'本の異数体
ジベレリン処理果は巨大粒、無処理果は中粒]
❶8月中旬　❷18〜20度　❸紫黒色、ジベレリン処理果は7〜10g、長楕円形（無処理果は4〜5g、円形）

'巨峰'の実生から選抜し、1975年に品種登録されたタネなし品種。4倍体である'巨峰'より染色体が1本少ないため、正常に受精ができず、タネなしになる。裂果は少ない。

 'BK シードレス'

[欧米雑種・巨峰群　3倍体
ジベレリン処理果は巨大粒．無処理果は中粒]
❶9月中旬〜下旬　❷20度以上　❸青黒色または紫黒色、ジベレリン処理果は8〜20g、短楕円形（無処理果は3g程度、円形）

2倍体の'マスカット・ベーリーA'と4倍体の'巨峰'を交配し、2011年に品種登録された3倍体のタネなし品種。ジベレリン処理は満開3〜6日後に100ppmで1回行う。摘粒は不要。病害虫の発生や裂果は少ない。フォクシー香がある。

 'サマーブラック'

[欧米雑種・巨峰群　3倍体
ジベレリン処理果は大粒、無処理果は中粒]
❶8月上旬　❷19〜21度　❸紫黒色、ジベレリン処理果は7〜8g（無処理果は3g）、短楕円形

4倍体の'巨峰'とタネなし2倍体の'トムソン・シードレス'を交配し、2000年に品種登録された3倍体のタネなし品種。満開時と満開10日後の2回のジベレリン処理で7〜8gに肥大する。おいしく、夜温の高い地域でも着色がよい。耐病性は強い。フォクシー香がある。

'デラウェア'

'安芸クイーン'

紅色系品種

'デラウェア'

[欧米雑種　2倍体　小粒]
❶ 7月上旬～中旬　❷ 20度以上
❸ 濃紅色、1.5～2g、円形

アメリカ原産の自然交雑種で、日本の主要品種の一つ。開花前と開花後の2回のジベレリン処理でタネなしとなる。脱粒は少なく、栽培は容易。耐病性も強い。最早熟で収穫期が早い。

'キングデラ'

[欧米雑種　3倍体　中粒]
❶ 8月上旬～下旬　❷ 20度以上
❸ 赤褐色～赤紫色、ジベレリン処理果は2.5～3.5g、卵形

4倍体の'レッドパール'と2倍体の'マスカット・オブ・アレキサンドリア'を交配し、1985年に品種登録された3倍体品種。自然状態ではほとんどタネなしの極小粒だが、ジベレリン処理でタネなし中粒になる。香りはほとんどないが、ほのかにマスカット香を感じる。脱粒性はあまりない。

'クイーンニーナ'

[欧米雑種・巨峰群　4倍体　巨大粒]
❶ 8月中旬～9月中旬　❷ 20度以上
❸ 鮮紅色、15～17g、短楕円形

'安芸津20号'と'安芸クイーン'を交配し、2009年に品種登録された。弱いフォクシー香がある。耐病性があり、目立った病害はない。

'安芸クイーン'

[欧米雑種・巨峰群　4倍体　巨大粒]
❶ 8月中旬～下旬　❷ 18～20度
❸ 鮮紅色、13～15g、倒卵形

'巨峰'の自家受粉による実生から選抜し、1993年に品種登録。樹勢は'巨峰'並みに強く、新梢の伸びも旺盛で、'巨峰'より花ぶるいしやすい。夏が高温の年には果皮の着色が薄くなる場合もある。フォクシー香がある。

❶ 収穫期　❷ 糖度　❸ 果粒の色、果粒の重さ、果粒の形

'紅富士'

[欧米雑種・巨峰群　4倍体　巨大粒]
❶ 8月下旬　❷ 18〜20度
❸ 鮮紅色、10〜14g、短楕円形

'ゴールデンマスカット'と'クロシオ'の交配品種。摘粒が比較的容易で、栽培も容易だが、脱粒しやすい。豊産性。裂果は少ない。産地の幅も広い。

'紅伊豆'

[欧米雑種・巨峰群　4倍体　巨大粒]
❶ 7月下旬〜8月中旬　❷ 19〜20度
❸ 鮮紅色、10〜18g、短楕円形

'紅富士'の枝変わり品種といわれている。果粒が密着しやすいので必ず摘粒をする。香りは強い。豊産性で裂果は少ないが脱粒しやすい。樹勢は非常に旺盛で、耐病性があり、栽培は容易。

'ゴルビー'

[欧米雑種・巨峰群　4倍体　巨大粒]
❶ 8月中旬〜下旬　❷ 20度以上
❸ 鮮紅色、16〜20g、短楕円形

'レッド・クイーン'と'伊豆錦'の交配品種。見た目は'安芸クイーン'に似ているが、'安芸クイーン'より果肉が締まる。

'サニールージュ'

[欧米雑種・巨峰群　4倍体　大粒]
❶ 8月上旬　❷ 19〜20度
❸ 赤褐色または赤紫色、5〜6g、短楕円形

'ピオーネ'と'レッドパール'を交配し、2000年に品種登録。ジベレリン処理によるタネなし化が欠かせない。満開時とその10日後のジベレリン処理2回により果粒が肥大し、密着した果房が安定して得られる。フォクシー香がある。

'ヌーベルローズ'

[欧米雑種　2倍体　大粒]
❶ 8月下旬〜9月上旬　❷ 19〜20度
❸ 鮮紅色、7〜9g、楕円形

'ロザリオロッソ'と'シャインマスカット'の交配品種。ジベレリン処理で果皮ごと食べられるタネなし果になる。上品なマスカット香がある。

'紅高'

[欧州種　2倍体　大粒]
❶ 9月上旬〜中旬　❷ 18〜19度
❸ 紫紅色に近い濃紅色、8〜10g、短楕円形

白色系品種の'イタリア'の枝変わり品種で、1988年にブラジルで発見された。果皮は厚く、裂果は少ない。ほのかにマスカット香がある。

'ゴルビー'

NP-N.Kamibayashi

'甲州'
[東洋系欧州種　2倍体　大粒]
❶ 9月下旬～10月中旬　❷ 19～23度
❸ 紫紅色、3～6g、楕円形

山梨県原産。最近のDNA解析により、欧州種と中国の野生種（刺葡萄、とげぶどう）との自然交雑種であることがわかった。生食・醸造兼用品種。豊産性で耐病性があり、裂果もまったくなく、栽培は容易。香りはほとんどない。

'リザマート'
[欧州種　2倍体　巨大粒]
❶ 8月中旬　❷ 16～18度
❸ バラ色～鮮紅色、後期には紫紅色、10～16g、円筒形～長楕円形

'カッタクルガン'と'パルケント'の交配により旧ソ連で作出。果皮が薄いので果皮ごと食べられる。裂果しやすいので水やりに注意。果実の成熟期にわらなどでマルチングをすると土壌水分を一定にでき、裂果を防げる。香りはない。

'甲州'

'ロザリオロッソ'
[欧州種　2倍体　巨大粒]
❶ 9月上旬～中旬　❷ 18～19度
❸ やや紫色を帯びた鮮紅色、10～11g、楕円形

'ロザリオ'と'ルビー・オクヤマ'の交配品種。果皮はやや厚く強靱で裂果しない。欧州種としては病害に強い。庭植えも可能だが、鉢植えで雨を避けたほうが安全で品質も優れる。

'ルビー・オクヤマ'
[欧州種　2倍体　巨大粒]
❶ 9月上旬～中旬　❷ 18～20度
❸ 鮮紅色～紫紅色、14～18g、楕円形～短楕円形

'イタリア'の枝変わり品種で、1984年に品種登録された。品種名は、発見したブラジル・パラナ州の日系人、奥山孝太郎氏による。かなり強いマスカット香がある。

'甲斐路'
[欧州種　2倍体　巨大粒]
❶ 9月中旬～10月上旬　❷ 18～23度
❸ 明るい鮮紅色、8～16g、先尖卵形

'フレーム・トーケー'と'ネオ・マスカット'を交配し、1977年に品種登録。果皮は強靱で裂果しない。耐病性は弱く、多雨地帯の栽培は困難で、日照の多い乾燥地が栽培適地である。上品なマスカット香がある。

'ミニ甲斐路'
[欧州種　2倍体　大粒]
❶ 8月中旬　❷ 18～20度　❸ 鮮紅色～紫紅色、8～10g、短楕円形～倒卵形

'マスカット・オブ・アレキサンドリア'と、'甲斐路'と'C.G.88435'の交配種を交配したもの。裂果は少なく、耐病性も強く、早熟で栽培容易。ジベレリン処理により、果皮ごと食べられるタネなし果になる。マスカット香がある。

'シャインマスカット'

'ピッテロ・ビアンコ'

白色系品種

● 'シャインマスカット'

[欧米雑種　2倍体　巨大粒]
❶ 8月上旬〜下旬　❷ 20度以上
❸ 黄緑色、12〜14g、楕円形

「安芸津21号」に'白南'を交配し、2006年に品種登録された。裂果はなく、栽培容易。満開時と満開後に2回ジベレリン処理をするとタネなしになり、果粒も1g程度肥大し、果皮ごと食べられる。マスカット香があり、おいしい。

● '瀬戸ジャイアンツ'

[欧州種　2倍体　巨大粒]
❶ 9月上旬　❷ 18〜19度
❸ 黄緑色〜黄白色、14〜16g、扁円筒卵形

'グザルカラー'と'ネオ・マスカット'を交配し、1989年に品種登録。雄しべが反転し、花粉に受精能力がない(11ページ参照)。2回のジベレリン処理で肥大し、果皮ごと食べられる。耐病性は弱く、裂果しやすいため、鉢植えで雨を避けて栽培するとよい。香気はない。

● 'マスカット・オブ・アレキサンドリア'

[欧州種　2倍体　大粒〜巨大粒]
❶ 9月下旬〜10月上旬　❷ 20度以上
❸ 黄緑色、8〜16g、倒卵形

アフリカ原産で、紀元前から栽培されている世界的に著名な品種。裂果、脱粒はない。生育に高温が必要なため、温度に恵まれた乾燥地が適し、東北地方以北では栽培が難しい。強いマスカット香がある。

● 'ピッテロ・ビアンコ'

[欧州種　2倍体　大粒]
❶ 9月下旬〜10月上旬　❷ 15〜16度
❸ 黄緑色〜黄白色、6〜7g、先尖まがたま形

イタリア原産(または北アフリカ原産)。別名「レディーフィンガー」。果皮は薄く、果皮ごと食べられる。耐病性、耐寒性は弱く、庭植えは難しい。鉢植えで雨を避けて栽培する。香りはない。

❶ 収穫期　❷ 糖度　❸ 果粒の色、果粒の重さ、果粒の形

'ロザリオ・ビアンコ'

'ネオ・マスカット'

[欧州種　2倍体　大粒]
❶ 9月上旬　❷ 20度以上
❸ 黄緑色、7～10g、楕円形

'マスカット・オブ・アレキサンドリア' と '甲州三尺' を交配し、1932年に命名された品種。果皮は厚く裂果は少ない。庭植えが可能。マスカット香がある。

'ロザリオ・ビアンコ'

[欧州種　2倍体　巨大粒]
❶ 9月上旬～中旬　❷ 20度以上
❸ 黄緑色～黄白色、8～14g、楕円形～倒卵形

'ロザキ' と 'マスカット・オブ・アレキサンドリア' を交配し、1987年に品種登録。果皮は薄いが強く、裂果はほとんどない。栽培適地は広く、山形県以南の水はけのよい土壌が適する。酸味は少なく香りはない。

'ゴールド・フィンガー'

[欧米雑種　2倍体　大粒]
❶ 8月中旬～下旬　❷ 18～22度
❸ 黄白色、6～8g、弓形～先尖長楕円形

'ピアレス' に 'ピッテロ・ビアンコ' を交配し、1993年に品種登録。庭植え可能だが、重粘土質の土壌では多雨時に裂果が出るため、土地によっては鉢植え栽培で雨を避けたほうが安全。わずかにフォクシー香がある。

'多摩ゆたか'

[欧米雑種・巨峰群　4倍体　巨大粒]
❶ 8月下旬　❷ 17～19度
❸ 黄白色～黄緑色、10～14g、円形～短楕円形

'白峰' の自然受粉による実生苗から選抜され、1996年に品種登録。ジベレリン処理によるタネなし化が容易。耐病性も強く、栽培しやすい。わずかにフォクシー香がある。

'翠峰'

[欧米雑種・巨峰群　4倍体　巨大粒]
❶ 9月上旬　❷ 17～20度
❸ 黄緑色～黄白色、16～18g、長楕円形

'ピオーネ' と 'センテニアル' を交配し、1996年に品種登録された。裂果は少ない。耐病性はやや弱いため、庭植えはやや難しい。香りはない。

'ネヘレスコール'

[欧州種　2倍体　中粒]
❶ 9月下旬　❷ 20度以上
❸ 黄緑色、2～4g、卵形

シリア原産。ブドウ品種のなかで最大の果房といわれ、1房10kgの記録があると伝えられている。観賞用としても価値が高い。栽培は容易。香りは少ない。

🍇 'ナイアガラ'

[米国型雑種　2倍体　中粒]
❶ 8月下旬　❷ 18〜21度
❸ 黄緑色〜黄白色、3〜5g、円形

'コンコード'と'キャッサディー'の交配により1872年にアメリカで作出。裂果は少なく、耐病性、耐寒性は強く、栽培は容易。強いフォクシー香があり、完熟すると香りがまろやかになる。

🍇 'イタリア'

[欧州種　2倍体　大粒〜巨大粒]
❶ 9月下旬　❷ 20度以上
❸ 黄白色、10〜18g、楕円形

'バイカン'と'マスカット・ハンブルグ'の交配によりイタリアで作出。別名マスカット・オブ・イタリア。裂果は少なく、樹勢は旺盛で、耐病性は比較的強く、栽培が容易。完熟すると上品なマスカット香がある。

🍇 'バラディー'

[欧州種　2倍体　巨大粒]
❶ 9月下旬　❷ 17〜19度
❸ 黄白色、10〜18g、先尖長楕円形

中東レバノン原産。果肉はきわめて締まり、かむとカリカリと音がするほど歯応えがある。裂果しても果汁がたれない。欧州種としては比較的耐病性があるので庭植えができる。香りはない。

🍇 'ハニーシードレス'

[欧米雑種・巨峰群　3倍体　ジベレリン処理果は中粒、無処理果は小粒]
❶ 8月下旬　❷ 18〜20度　❸ 黄緑色、ジベレリン処理果は4〜5g（無処理果は1〜2g）、円形

'巨峰'と'コンコード・シードレス'を交配し、1993年に品種登録。耐寒性は中程度で、東北地方以西に適する。栽培は容易。フォクシー香に似た香気がある。

🍇 '甲斐美嶺'(かいみれい)

[欧米雑種・巨峰群　3倍体　ジベレリン処理果は中粒、無処理果は小粒]
❶ 8月中旬〜下旬　❷ 18〜19度
❸ 黄緑色、ジベレリン処理果は4〜5g（無処理果は1〜2g）、円形

'レッド・クイーン'と'甲州三尺'を交配し、2000年に品種登録。耐病性が強く、栽培容易である。香りはほとんどない。

🍇 'ヒムロッド・シードレス'

[欧米雑種　2倍体　中粒]
❶ 7月下旬〜8月中旬　❷ 17〜18度
❸ 黄緑色、2〜3g、楕円形

'オンタリオ'と'トムソン・シードレス'の交配によりアメリカで作出された極早生タネなし品種。ジベレリン1回処理で果粒は2倍に肥大する。耐病性、耐寒性ともに強く、栽培は容易で栽培適地の幅が広い。特有の香りがある。

'ハニーシードレス'

ワイン専用品種

'ピノ・ノワール'　赤ワイン用品種

ワイン専用品種は果皮エキスがワインの味に大きく影響するため、一般的に、果汁でエキスが薄まりにくい小粒がよいとされます。また、摘房、花房整形、摘粒が不要です。糖度は生食用品種並みか、それ以上ですが、生で食べると意外にあっさりした甘さです。果実を調理してソースなどで味わうこともでき、紅葉を楽しめる品種も多くあります。

'ピノ・ノワール'

[赤ワイン用品種　欧州種　2倍体　小粒]
❶ 8月下旬～9月中旬　❷ 20度
❸ 紫黒色、1～2g、円形

フランス・ブルゴーニュが原産地。古くからの赤ワイン用品種で、ブルゴーニュの代表的品種。ワインは香り高く、ロマネコンティを頂点に数々の銘酒を生む。シャンパーニュ地方のシャンパンにも一部使用されている。早熟で栽培容易だが、耐寒性は弱いうえ、暖地ではよいワインにならないなど、適地を選ぶ品種である。

'甲斐ノワール'

[赤ワイン用品種　欧米雑種　2倍体　小粒]
❶ 10月上旬～中旬　❷ 20度程度
❸ 紫黒色、2g、短楕円形

'ブラック・クイーン'に'カベルネ・ソービニヨン'を交配し、1992年に登録品種。栽培は比較的容易で、果皮の着色もよい。耐病性は強いが晩腐病 (59、83ページ参照) には注意が必要。ワインは濃厚な赤紫色で香りもよく、'カベルネ・ソービニヨン'に似た香りをもつ。

'セミヨン'　白ワイン用品種

'セミヨン'

[白ワイン用品種　欧州種　2倍体　小粒]
❶ 9月中旬～10月　❷ 20度以上
❸ 明るい黄緑色、2～3g、円形

フランス原産。ボルドーの白ワイン用品種として有名。果皮が薄いので灰色かび病 (59、83ページ参照) にかかりやすい。耐寒性は弱い。豊産性。ワインは醸造してから10年ほどたたないと独自の特徴が出ないとされる。

'リースリング'

[白ワイン用品種　欧州種　2倍体　小粒]
❶ 9月上旬～10月上旬　❷ 16～20度
❸ 黄緑色、1～3g、円形

ドイツの白ワインの主要品種。寒冷地に向き、東北、北海道では酸味、香りのしっかりしたワインができる。耐病性はやや弱い。

12か月
栽培ナビ

主な作業と管理を月ごとにまとめました。
毎月の手入れでよい木に育て、
自慢できる果実をつくりましょう。

Grape

ブドウの年間の作業・管理暦

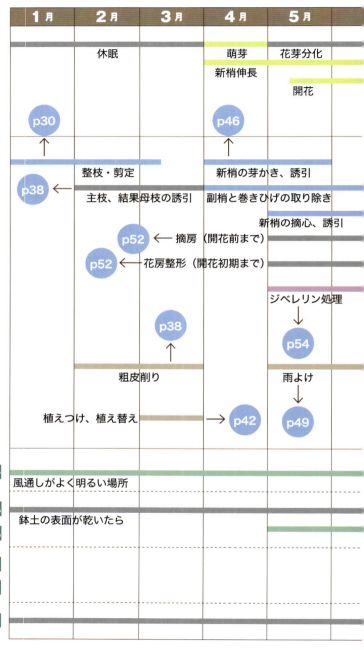

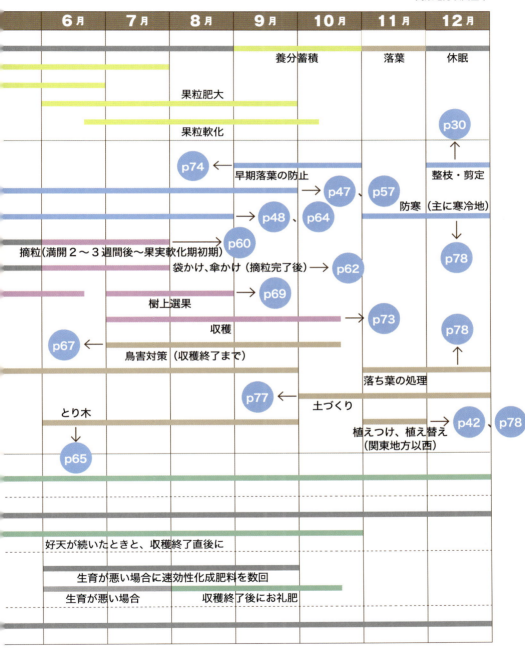

January
1月

今月の主な作業

基本 整枝・剪定

基本 基本の作業
トライ 中級・上級者向けの作業

1月のブドウ

寒さが厳しいこの時期、ブドウの木は休眠しています。

整枝・剪定の適期です。ただし、1〜2芽だけ残して切る短梢剪定（30ページ）は、芽が乾燥や寒さで枯れ込むことがあるため、厳寒期を過ぎてから行います。5芽以上残す長梢剪定（30ページ）ではその危険性は低くなります。

落葉後から萌芽前は苗木の入手適期です。ブドウは枝がつる状に伸びるので、いろいろな仕立て方を楽しめます（32〜37ページ）。

休眠中の枝は枯れているように見えるが、内部は緑色で、春を待っている。

主な作業

基本 整枝・剪定

よい果実の収穫と樹勢調節のために

枝を剪定せずに放任すると、春以降に伸びた枝が混み合い、管理作業が煩雑になります。また、風通しが悪くなって病気や害虫がまん延しやすくなります。さらに、茂った枝葉で果実が日陰になると、果皮の着色不良や果汁糖度の低下を招きやすくなります。

ブドウの冬芽の大部分はすでに花と枝のもとをもつ混合花芽です。そのため、どの枝を切っても、残された芽から伸びる新梢にはだいたい果実がつきます。枝は思いきって切りましょう。

枝の切り方には短梢剪定や長梢剪定などがあります。長梢剪定を用いる仕立て方はどの品種にも向きますが、短梢剪定の仕立て方は、4倍体品種のように樹勢が強い品種には向きません。

剪定ではよい枝を残します。よい枝は、芽と芽の間が狭く、大きな芽がつき、よく充実し、断面が円形です。それに対し、断面が扁平な枝は、栄養過多で寒害や凍害を受けやすい枝です。実際の作業は30ページを参照。

今月の管理

- ☀ 戸外の明るく風通しのよい場所
- 💧 鉢植えは鉢土の表面が乾いたら日中に、庭植えは不要
- ▦ 不要
- 🐛 枝や幹の中にいる幼虫の防除

管理

🪴 鉢植えの場合

☀ 置き場：明るく風通しのよい場所

💧 水やり：日中に行う

　鉢土の表面が乾いたら、根の呼吸で発生した土壌中の二酸化炭素を押し出して新しい空気が入るように、鉢底から流れ出るまでたっぷりと水を与えます。気温が低い朝夕の水やりは、鉢土の凍結を招くおそれがあるので避けます。

▦ 肥料：不要

🌱 庭植えの場合

💧 水やり：不要

▦ 肥料：不要

🪴🌱 病害虫の防除

カミキリムシ類の幼虫、スカシバ類の幼虫など

　葉が落ちた休眠期は、枝や幹の中にいる害虫を見つける適期です。見つけしだい退治しましょう（59、85ページ参照）。枯れた巻きひげや落ち葉、剪定枝は、病原菌や害虫の越冬場所になるので、取り除いて庭の外で処分します。

Column

苗木の購入

冬は苗木の購入適期

　人気品種やよい苗は売り切れが早いので、9〜10月に予約すると、良好な苗木を購入できます。珍しい品種では注文を受けてから苗木をつくるので、3月までに注文します（送付は注文した年の11月）。

よい苗の選び方

　枝がよく充実していて、節間は詰まり、芽が大きく、根の量が多いものがよい苗です。粗皮下に病害虫が隠れていないことも大切です。

購入後の注意

　種苗業者からの苗木は根に土がついていない状態で送付されることがほとんどです。植えつけまでは乾燥しないように、土に埋めるか、鉢に仮植えしておきます。仮植え前に1日ほど水を張った容器に根をつけ、吸水させておくと無難です。

　もし、春から夏に実つき苗を買ってしまったら、庭植えにする場合は果実をすべて切除します。鉢植えにする場合は、植えつけ適期まで一回り大きい鉢に根をくずさずに仮植えし、果実はつけておきます。

基本 整枝・剪定

適期＝12月～3月上旬

ブドウの冬芽

ブドウの冬芽は、寒さに耐えるように堅い鱗片に覆われています。芽の内部には、翌春萌芽する花穂と新梢がすでに形成され、柔毛に包まれています。

萌芽後に伸びる新梢に着花・着果します。芽の充実は新梢基部から始まり、順次枝先へと進んでいくので、基部に近い芽から出る花のほうが、大きくなる傾向にあります。

ブドウの冬芽
中央に主芽があり、通常、主芽をはさむように副芽がある。主芽が何らかの損傷を受けた場合に、副芽が主芽に代わって萌芽する。

剪定の種類

切り返し剪定（切り戻し剪定） 枝の途中で切って枝を短くする剪定です。枝の長さにより以下に分かれます。
❶ **短梢剪定**（基部より１～３芽を残す）
❷ **中梢剪定**（基部より４～６芽を残す）
❸ **長梢剪定**（基部より７～９芽を残す）
❹ **超長梢剪定**（基部より10芽以上残す）

間引き剪定 枝を基部で切って、枝の数を減らすときに行います。

切る量 切り返し剪定は樹勢を強める効果があり、間引き剪定は樹勢の強弱にほとんど影響しないといわれます。

冬に短く切ると春以降に新梢は盛んに伸び、長めに残すとゆるやかに伸びるので、生育の悪い木では強めに、旺盛な木では弱めに枝を切り返します。

短梢剪定
短梢剪定は１～３芽残して切る。

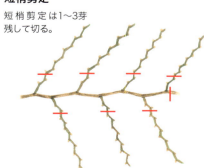

長梢剪定と間引き剪定

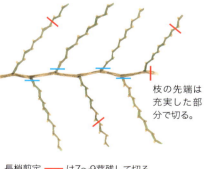

枝の先端は充実した部分で切る。

長梢剪定 ── は７～９芽残して切る。
間引き剪定 ── は枝のつけ根から切る。

長梢剪定のポイント

　最初に枯れ枝を除去します。落葉後は枯れているか生きているか判断が難しい場合があり、また、枝の途中まで生きているが、枝先のほうで枯れている場合もあるので、切り口が茶色や褐色であれば、薄い緑色をしている部分まで切り戻します。

　長梢剪定をする木は間引き剪定が主体になります。残す枝が長いほど、残す枝の数を間引き剪定で減らします。

短梢剪定のポイント

　鉢植えや、枝を長く伸ばしたくない場合に向いています。短梢剪定では間引き剪定はあまり行いません。

　枝を短く切る短梢剪定では、寒害や乾燥で切り口から枯れ込みやすくなるので、気温が０℃を下回る時期は行わないほうが無難です。最初に予備剪定で枝を長めに切り、寒さが峠を越す２月中旬以降に短く切り直します。

　'巨峰'のように樹勢の強い品種を短梢剪定すると、さらに樹勢が強くなり、花ぶるいや自然条件での小粒のタネなし果を誘発します。ジベレリン処理を行うと大粒のタネなし果の確保や果実の肥大促進ができますが、タネあり果を生産したいなら、短梢剪定は避けます。

枝の切り方

　剪定の際、枝は芽と芽の間で切ってもかまいません。ただし、厳寒地では、乾燥や凍害で芽のついた枝が切り口から枯れ込むことを防ぐため、残す芽の１つ先の芽の部分で切ります。これは、節の部分に細胞が厚くなった節壁があるためで、**犠牲芽剪定**といいます。

犠牲芽剪定
残す芽の１つ先の芽で切る。

犠牲芽剪定の断面（右）
左は節間で切った枝。犠牲芽剪定のほうが切り口が厚く、寒さによる枝の枯れ込みを防げる。

主枝の更新

　主枝から弱い新梢しか出てこなくなったり、主枝が負け枝（90ページ参照）になったりしたら、思いきって主枝を更新したほうがよいでしょう。

仕立て方 ❶ （樹形のつくり方）

棚仕立て

単位面積当たり一番収穫量が多い仕立て方です。地面から棚面まで距離があるので風通しがよく、病害虫予防に優れています。また、新梢を棚面に誘引するため、新梢の伸長をある程度抑えることができ、着果が優れます。平坦な場所でも傾斜地でも行えます。

棚面は地上から2mほど離す場合が多いですが、作業のしやすさに合わせて高さを決めるとよいでしょう。棚の設置は園芸店やホームセンターなどに相談しましょう。主枝は一文字仕立て、H型平行仕立て、X字型自然形仕立てなどの樹形に仕立てます。

棚仕立て どの品種にも向く。

垣根仕立て

欧米のワインブドウ栽培に用いられる仕立て方です。一文字仕立てを用います。品種によっては新梢が旺盛に伸び、新梢管理が煩雑になったり、着果しにくくなったりします。苗の定植時に植え穴を小さくするなどして根の広がりを抑えると、樹勢が落ち着きます。

垣根仕立て 下垂誘引（35ページ参照）はどの品種にも向くが、上方誘引（34ページ参照）は樹勢の強い品種には向かない。

鉢やプランター

垣根仕立て、あんどん仕立て、オベリスク仕立てなどがありますが、いずれも結果母枝や新梢をさまざまな支柱に誘引します（36ページ参照）。

鉢植えのあんどん仕立て

主枝の配置による樹形づくり

一文字仕立て──短梢剪定

短梢剪定を行うので、初心者にもわかりやすい仕立て方です。木を真上から見ると、樹形が一文字に見えます。

H型平行仕立て──短梢剪定

一文字仕立てより主枝の数が多いので、収穫量はふえますが、広い場所が必要です。木を真上から見ると、樹形がHの字の形に見えます。

X字型自然形仕立て──長梢剪定

棚で多く使われる仕立て方です。負け枝（90ページ参照）を防ぐため、主枝をつくる順番が非常に重要で、原則として4本の主枝をつくります。主枝は1年ごとにつくるので、完成するまでに4年かかります。

各主枝の先端は充実したところで切り、樹勢を維持します。結果母枝は7〜8芽のものを3.3㎡当たり5〜6本ぐらい配置するのが標準とされますが、品種や樹勢により加減します。

負け枝をつくらないために、第1主枝から第3主枝を分岐させる距離（ⓐ）と、第2主枝から第4主枝を分岐させる距離（ⓑ）、および、それぞれの主枝から出る第1亜主枝を分岐させる距離（ⓒ、ⓓ、ⓔ、ⓕ）が大切です。

一文字仕立ての主枝（横から見た図）
苗木の芽が伸びたら最もよい枝を1本選び、支線や棚面に達したら伸ばしたい方向に誘引して、第1主枝とする。支線や棚の下で強い副梢が出ていれば第2主枝として伸ばし、第1主枝と反対方向に誘引する。

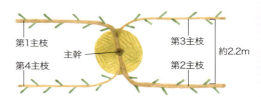

H型平行仕立ての主枝（上から見た図）
苗木の芽が伸びたら、最もよい枝を伸ばして第1主枝とし、支線や棚の下に強い副梢があったら伸ばして第2主枝とする。翌年、第1主枝から第3主枝、第2主枝から第4主枝を分岐させる。

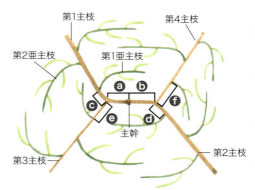

X字型自然形仕立ての主枝（上から見た図）
苗木の芽が伸びたら最もよい枝を1本選び、棚面に達したら伸ばしたい方向に誘引し、第1主枝とする。第1主枝の副梢を使って第2主枝を発生させ、第1主枝と逆方向に誘引する。第3主枝は第1主枝から、第4主枝は第2主枝から分岐させる。
※ⓐよりⓑが長い。ⓒ、ⓓ、ⓔ、ⓕの順に長くする（ⓓとⓔはほぼ同長でもよい）。

仕立て方 ❷ （庭の垣根仕立て）

庭植えで最も簡単な仕立て方

　垣根仕立ては一文字仕立て（33ページ参照）を用い、狭い庭にも向きます。
　新梢を上方に誘引する仕立て方と、下垂させる仕立て方があります。新梢は上方に誘引すると旺盛に伸びますが、下垂させるとある程度伸びを抑えることができます。また、上方誘引の場合、果実がつく位置が下になり、日陰になって果実品質が低下することがあります。

支線と主枝の位置

　支線（針金）の本数は、上方誘引と下垂誘引の仕立て方で変わります。上方誘引の仕立て方では、主枝は一番下の支線に配置しますが、新梢を下垂させる仕立て方では主枝を一番上の支線に配置します。

上方誘引の仕立て方

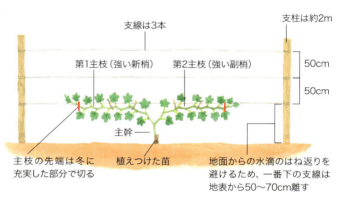

1年目の春から秋の樹形
苗木から伸びた、最もよい新梢を残し、ほかの新梢は切除する。残した新梢のなかで、誘引する支線の位置も考慮して強い副梢を残し、ほかの副梢は切除する。これらを主枝とし、主幹から左右に伸ばして支線に誘引する。

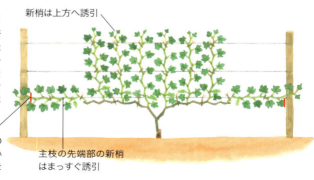

2年目の春から秋の樹形
主枝から新梢が出る。新梢の間隔が約30cmになるように芽かき（46ページ参照）をして、新梢を育てる。結実は3年目ごろから見られ、2年目は結実してもまばら。

主枝の長さが目標の広がりに達したら、いつでも主枝の先端を充実した部分で切る

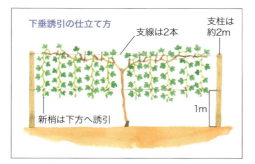

下垂誘引の仕立て方
支線は2本
支柱は約2m
1m
新梢は下方へ誘引

2年目の冬の剪定
前年の結果枝は短梢剪定をして今年の結果母枝とする。春以降にそれぞれの結果母枝から出た新梢は1本にし、混み合わないように誘引する。

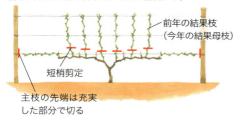

前年の結果枝（今年の結果母枝）
短梢剪定
主枝の先端は充実した部分で切る

3年目以降の冬の剪定
短梢剪定を繰り返す。年数がたつと結果母枝の部分が次第に長くなり、主枝から遠ざかるので、できるだけ基部で切り返す。

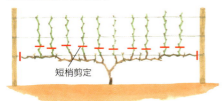

短梢剪定

植えつけから5年目の結果母枝
4回短梢剪定を繰り返した部分。このような部分を「芽座」という。

Column

放任した棚仕立ての仕立て直し

　長く育てているブドウの枝が暴れ、困っているケースがよく見られます。この場合、剪定のポイントは混み合った枝を減らすことです。冬の剪定では、下の手順で枝を切ってみましょう。

　冬の剪定で切る枝がよくわからない場合は、葉が茂っている春から初秋に、樹冠内部が明るくなるように枝を減らしたり、誘引し直したりするとよいでしょう。

❶ 枝を間引いてすき間をつくる
　混み合っている枝を、思いきって減らします。まず、同じ場所から枝が2本以上伸びていたらよい枝を選び、ほかの枝は間引き剪定をします。それでも枝が混み合っている場合は、重なり合った主枝や結果母枝を間引き剪定で取り除きます。

❷ 副梢の間引き剪定
　冬の剪定では、基本的に、前年の副梢はつけ根から間引き剪定（30ページ参照）をします。

❸ あいている空間に枝をもってくる
　剪定し終えたら、枝がない場所に結果母枝を誘引し直し、バランスよく枝を配置します。

仕立て方 ③ （鉢やプランター）

プランターの垣根仕立て

　主枝のつくり方と剪定の方法は、庭植えの垣根仕立て（34ページ参照）と同じで、短梢剪定を繰り返します。
　新梢は上方誘引でも下垂誘引でも用いられますが、下垂誘引は新梢の伸びが抑えられるので、根域が限られているプランターで樹勢を維持するのなら、上方誘引が適しています。

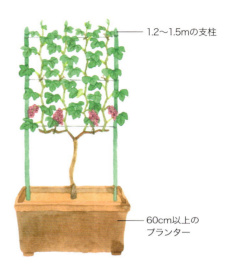

1.2〜1.5mの支柱

60cm以上のプランター

あんどん仕立て

約2mの支柱

10号以上の鉢

あんどん支柱

春以降に伸びた新梢は間引いて3〜4本にし、2巻きした前年の枝を隠すように誘引する

❶ 1年目の春から秋
鉢植えにした苗木から発生した新梢のうちで最もよいものを選び、1年目は支柱を使ってまっすぐ伸ばす。

❷ 2年目の冬
枝を支柱から外し、あんどん支柱に2巻きして束ねる。

❸ 2年目の春から秋
1新梢に1果房となるように摘房し、結実させる。

● 2年目の冬以降は短梢剪定を繰り返す。

オベリスク仕立て

オベリスクという細長い鳥かご状の丈夫な支柱に、枝をらせん状に誘引する仕立て方です。オベリスクは高さ1〜1.5mぐらいのものを用います。

❶ **1年目の春から秋**
新梢は長さや太さが充実した、株元に近い2〜3本を用いる。

❷ **2年目の冬**
枝をオベリスクから外し、長梢剪定をする。オベリスクを設置し直して、剪定した枝を誘引する。

❸ **2年目の春から秋**
春以降に伸びた新梢は間引いて3〜4本にし、1新梢に1果房とする。3年目以降の冬は短梢剪定を繰り返す。

Column

つぎ木苗か自根苗か

　ブドウはさし木で発根しやすい植物で、もともとヨーロッパでは、さし木栽培が主流でした。ところが、北アメリカからブドウの根に寄生する害虫のブドウネアブラムシ（フィロキセラ）がもち込まれ、ヨーロッパブドウは絶滅の危機に瀕します。絶滅を免れたのは、この害虫に抵抗性のある台木がつくられたためです。今日、ブドウの苗を種苗会社で購入すると、まずつぎ木苗が送られてきます。

　こうしたつぎ木苗の果実は、さし木でふやした自根苗のものと味が違うという意見が根強くあります。この害虫は近所で発生していないかぎり、被害を受ける危険性は低いため、つぎ木苗と自根苗を育て、味の違いを調べるのも興味深いことです。

February
2月

今月の主な作業
- 基本 整枝・剪定
- 基本 主枝、結果母枝の誘引
- トライ 粗皮削り(そひけずり)

基本 基本の作業
トライ 中級・上級者向けの作業

2月のブドウ

ブドウの木はまだ休眠中で、引き続き剪定の適期です。

同時に、休眠期の病害虫防除を行いましょう。枝に、まだらに黒ずんだりへこんだりした部分があったら、それは病斑です。病斑のある枝や枯れた巻きひげは切って庭の外で処分します。また、木の内部を食べるスカシバ類の幼虫などが寄生した部分を剪定の際に見つけたら、これも切除して庭の外で処分します。

剪定と誘引によってバランスよく配置された枝。

主な作業

基本 整枝・剪定
1月に準じます(30ページ参照)。

基本 主枝、結果母枝の誘引
冬の剪定がほぼ終了したら

萌芽前までに、主枝や結果母枝を支柱や支線、棚面に誘引します。枝が重なり合った部分や、枝がない大きな空間ができないように、枝をバランスよく配置します。

主枝、結果母枝の誘引
ゆとりをもって支線に結ぶ。

トライ 粗皮削り
病害虫対策のために行う

ブドウの枝は、年を経るごとに樹皮がささくれ立ってきて、はがれやすくなります。その部分を粗皮といいます。

粗皮の下では、カイガラムシなどの

今月の管理

- ☀ 戸外の明るく風通しがよい場所
- 💧 鉢植えは鉢土の表面が乾いたら日中に、庭植えは不要
- 🟫 不要
- 🐛 枝や幹の中にいる幼虫の防除

2月

害虫が越冬しているため、粗皮を削り取ると害虫の生息密度を下げることができます。また、スカシバ類の幼虫などの木の内部を食害する害虫が食入した穴も見つけやすくなります。作業の最中に見つけた虫はつぶします。

なお、間違えて芽を削り取らないよう注意します。粗皮を削った木は寒さにやや弱くなるので、作業は厳寒期が過ぎてから行います。

管理

🪴 鉢植えの場合

☀ **置き場：明るく風通しのよい場所**

💧 **水やり：日中に行う**

鉢土の表面が乾いたら、鉢底から流れ出るまでたっぷりと水を与えます。気温が低い朝夕の水やりは、鉢土の凍結を招くおそれがあるので避けます。

🟫 **肥料：不要**

🏠 庭植えの場合

💧 **水やり：不要**

🟫 **肥料：不要**

🪴🏠 病害虫の防除

冬の病害虫防除を行う

1月に準じます（29ページ参照）。

黒とう病などの病原菌は、前年に発病した枝や巻きひげの病斑部分で越冬しているので、病斑がないかよく確認し、見つけたら切除して庭の外で処分します。木の内部を食害する幼虫の寄生部位を見つけたら、剪定時に切除します。粗皮削りも害虫防除に効果的です。

形成層は白い

上：専用の道具で粗皮削り
道具は、剪定バサミや剪定ノコギリの背、カマなどでも代用できる。

左：削りすぎない
木の形成層が露出するほど強く削らない。

March

3月

今月の主な作業

- 基本 整枝・剪定（上旬まで）
- 基本 主枝、結果母枝の誘引
- 基本 植えつけ、植え替え
- トライ 粗皮（そひ）削り

基本 基本の作業
トライ 中級・上級者向けの作業

3月のブドウ

　気温、地温が上昇してきます。萌芽はまだ始まっていなくても、木の内部では樹液の流動が始まり、冬眠から覚めようとしています。この時期に枝を切ると樹液があふれ出てくるので、整枝・剪定は上旬までに終わらせましょう。

　萌芽が始まるまでに主枝や結果母枝の誘引を済ませておきます。また、凍害の心配がなくなれば苗木の植えつけ適期です。事前に植え穴を掘り、市販の土壌酸度測定器や試薬を使って、土壌酸度を調べておくと安心です。

気温の上昇とともにブドウは休眠から覚め、枝を切ると樹液があふれてくる。

主な作業

基本 整枝・剪定

3月上旬までに終わらせる

　1月に準じますが（30ページ参照）、剪定が遅れると、流動し始めた樹液が枝の切り口からあふれ出て、なかなか止まりません。樹液にはわずかですが養分も含まれるため、養分の浪費にならないよう、整枝・剪定は上旬までに済ませます。

基本 主枝、結果母枝の誘引

　2月に準じ、萌芽までに済ませておきます（38ページ参照）。

基本 植えつけ、植え替え

暖地、寒冷地ともに行える

　厳寒期を過ぎ、萌芽が始まるまでは、植えつけ、植え替えの適期です。購入後の苗木は、根を乾かさないようにしておきましょう（29ページ参照）。

　庭植えの場合、事前に植え場所の土壌酸度を調べ、酸性が強い場合は、1週間前までに石灰類をまいておきましょう。生育に適した土壌酸度は弱酸性から弱アルカリ性です。

トライ 粗皮削り

　2月に準じます（38ページ参照）。

今月の管理

- ☀ 戸外の明るく風通しのよい場所
- 💧 鉢植えは鉢土の表面が乾いたら、庭植えは不要
- ▦ 不要
- 🐛 枝や幹の中にいる幼虫の防除

管理

🪴 鉢植えの場合

- ☀ **置き場**：明るく風通しのよい場所
- 💧 **水やり**：鉢土の表面が乾いたら
  鉢底から流れ出るまでたっぷりと水を与えます。
- ▦ **肥料**：不要

🏠 庭植えの場合

- 💧 水やり：不要
- ▦ 肥料：不要

🪴🏠 病害虫の防除

カミキリムシ類の幼虫、スカシバ類の幼虫など

1月（29ページ参照）に準じます。

Column 芽傷処理

ブドウは頂芽優勢という性質が強いため、何もしないと結果母枝の先端の2〜3芽ぐらいしか萌芽せず、果実のなる部位がどんどん枝先に移動し、木が大きくなってしまいます。そのため、ブドウ農家では、樹液流動が始まる直前に、長い結果母枝に対して「芽傷処理」を行い、萌芽をそろえることがあります。萌芽がそろうと、その後の新梢の生育もそろい、ジベレリン処理を行う場合、短期間で実施できます。

芽傷処理は早すぎると寒さで芽が傷み、遅いと切り口から出る樹液がなか

左：芽傷処理をした芽
萌芽させたい芽の上に、形成層に達する傷を入れると、その芽が萌芽する。
右：芽傷処理専用のハサミ

止まらず、枝が弱ります。また、専用のハサミを使わないと傷が深くなり、枝が折れやすくなるので、家庭園芸では行う必要はないでしょう。

基本 植えつけ、植え替え

適期＝3月(寒冷地、温暖地とも)、11月(寒冷地を除く)

鉢への植えつけ、植え替え

鉢 10号以上の鉢や、60cm以上のプランターを用います。管理が楽なのは用土が乾きにくいプラスチック製ですが、用土の乾燥に注意すれば、テラコッタ鉢でも大丈夫です。

用土 用土はあまり選びませんが、水はけと通気性がよく、有機物を含んだものが適します。庭土、または草花用や野菜用の培養土、あるいは赤玉土7：腐葉土3を配合した土を用います。

植え替え 鉢の中に根がいっぱいになると樹勢が衰えてくるので、一回り大きい鉢か、同じ大きさの鉢に植え替えます。目安は2〜3年に1回です。

株を抜いたら、密集している古い根を、植える鉢の大きさに合わせてハサミやナイフで少し切って間引きます。根を整理したあとは、下の絵のように植えつけます。

植えつけ後 植えたあとにすぐ、用土と根をなじませるため、鉢底から流れ出るまで水をたっぷりと与えます。また、地上部と地下部のバランスをとるため、枝を少し短めに剪定します。

施肥 萌芽開始後に、枝の葉色や伸び具合を見て施します(58ページ参照)。

苗木の植えつけ(鉢)

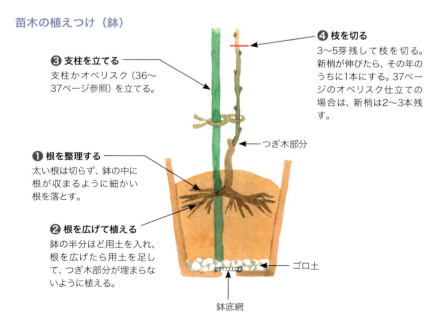

❶ 根を整理する
太い根は切らず、鉢の中に根が収まるように細かい根を落とす。

❷ 根を広げて植える
鉢の半分ほど用土を入れ、根を広げたら用土を足して、つぎ木部分が埋まらないように植える。

❸ 支柱を立てる
支柱かオベリスク(36〜37ページ参照)を立てる。

❹ 枝を切る
3〜5芽残して枝を切る。新梢が伸びたら、その年のうちに1本にする。37ページのオベリスク仕立ての場合は、新梢は2〜3本残す。

つぎ木部分
ゴロ土
鉢底網

庭への植えつけ

植え場所 なるべく日当たりと風通しのよい場所を選びます。

植え穴の準備 1週間以上前に植え穴を掘り、市販の土壌酸度測定器や試薬を使って土壌酸度を調べ、酸性が強い場合は石灰類をまいておきます。

木を大きく育てる場合は、直径約1.5m、深さ40～50cmの穴を掘ります。枝は、根が広がっている範囲に伸びるといわれるので、木を大きくしたくない場合は直径を半分くらいにします。

植えつけ時の注意 植えつけるときは根を四方に広げ、つぎ木部分が埋まらないように浅く植えます。また、植え穴の土は次第に締まってくるので、それに伴って苗が沈みすぎないよう、いくぶん土を盛っておきます。

植えつけ後は支柱を立てて苗木を結び、根と土がなじむように、表土が泥状になるまでたっぷりと水やりをします。わらなどでマルチングをして乾燥防止に努めます。

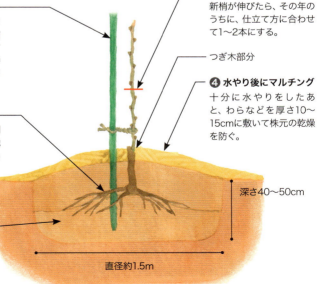

苗木の植えつけ（庭）

❸ 仮支柱を立てる
仕立てる形に適した長さの仮支柱を立て、苗と結ぶ。新梢を上方に伸ばす垣根仕立て（34ページ参照）の場合の支柱の長さは約2m。

❷ 根を広げて植える
根を十分に広げ、残りの用土を穴に入れて植える。地表は、つぎ木部分が埋まらない程度に盛り上げる。

❶ 用土を穴に半分入れる
掘り上げた庭土に等量の腐葉土を混ぜて用土とする。用土を穴の半分まで入れ、中心部を盛り上げる。

❺ 枝を切る
3～5芽残して枝を切る。新梢が伸びたら、その年のうちに、仕立て方に合わせて1～2本にする。

つぎ木部分

❹ 水やり後にマルチング
十分に水やりをしたあと、わらなどを厚さ10～15cm敷いて株元の乾燥を防ぐ。

深さ40～50cm

直径約1.5m

April 4月

今月の主な作業

- 基本 新梢の芽かき、誘引
- 基本 副梢と巻きひげの取り除き

基本 基本の作業
トライ 中級・上級者向けの作業

4月のブドウ

　気温の上昇に伴い、萌芽が始まります。

　伸びてくる新梢を放任すると枝が混み合い、新梢の伸びもばらつくので、樹勢の調節と病害虫防除のために芽かきを行います。開花をそろえたり、ジベレリン処理（54ページ）を行う場合は作業しやすくしたりするために、できるだけ新梢の生育は早くそろえる必要があります。萌芽後の新梢は誘引の際、無理に引っ張ると根元から折れやすいので、ある程度の長さに伸びてから誘引します。

NP-K.Ishihara

萌芽した芽。気温の上昇とともにぐんぐん伸びていく。

主な作業

基本 新梢の芽かき、誘引

1 新梢に葉が6〜7枚になる前に

　萌芽のとき、主芽だけでなく、副芽も伸びることがあるため、まず副芽は除去して主芽だけにします。それだけではまだ新梢が混み合い、陰ができて光合成が十分に行えなくなったり、風通しが悪くなって病害虫がまん延しやすくなったりするので、新梢の数も減らします。

　また、放任していると、主枝や結果母枝の先端部から伸びる新梢ほど旺盛に伸び、開花が一斉にそろわなくなるため、早い時期になるべく長さのそろった新梢に制限します。

　ブドウは、1新梢に葉が6〜7枚開くころまでは、樹体内に蓄えられた養分で生育すると考えられているので、この時期までに芽かきを済ませると、貯蔵養分の浪費が抑えられます。強い新梢が多く発生している木の場合は、芽かきをもう少し遅らせ、あえて新梢を伸ばして養分を浪費させて樹勢を落ち着かせてから作業します。

今月の管理

- ☀ 戸外の明るく風通しのよい場所
- 💧 鉢植えは鉢土の表面が乾いたら、庭植えは不要
- ▦ 不要
- 🐛 早期発見・早期対処、除草

誘引は、萌芽後の新梢を無理に引っぱると基部から折れてしまうので、50cmくらいの長さに伸びるのを待ちます。かといって、遅すぎると風で折れたり、巻きひげで望まない方向に絡みつくことがあるので、木をよく見て適期を逃さないようにします。

実際の作業は、46ページを参照してください。

基本 副梢と巻きひげの取り除き

初秋までこまめに取り除く

新梢から副梢（新梢の葉のつけ根から出る枝）が伸びると、枝が混み合うだけでなく、貯蔵養分が余計に消費されてしまいます。また、巻きひげの伸長は養分の浪費となるだけでなく、巻きひげが目的とした誘引方向とは違う方向に絡みつくことがあります。

副梢も巻きひげも早い時期に切除しましょう。実際の作業は47ページを参照してください。

なお、定植1～2年目の一文字仕立てや、1～4年目のH型平行仕立てやX字型自然形仕立てで、まだ主枝が完成していないときは、主枝づくりに使う副梢は残します（33ページ参照）。

管理

🪴 鉢植えの場合

- ☀ **置き場**：明るく風通しのよい場所
- 💧 **水やり**：鉢土の表面が乾いたら
   鉢底から流れ出るまでたっぷりと水を与えます。
- ▦ **肥料**：不要

🌱 庭植えの場合

- 💧 **水やり**：不要
- ▦ **肥料**：不要

🪴🌱 病害虫の防除

害虫は見つけしだい捕殺

萌芽とともに、葉を食べるケムシ、イモムシや、新芽や新葉で吸汁するアブラムシ類などが活動し始めます（82ページ参照）。雑草は病原菌や害虫の温床となるので除草します。

基本 新梢の芽かき、誘引

適期＝4～5月

芽かき

1回目の芽かき（副芽を取る）
1つの芽から2芽以上萌芽していたら、大きい芽だけを残し、ほかはすべて落とす。

2回目の芽かき（新梢の数を減らす）
ブドウの芽は枝に左右交互についているので、長梢剪定の場合、枝の片側だけに偏らないよう、下図のように2芽とばしで新梢を残し、その間の新梢はつけ根から切る（片側20～30cm間隔）。短梢剪定の場合は、枝から出ている新梢が20～30cm間隔となるように、混み合っていたらつけ根から切る。

長梢剪定の2回目の芽かき

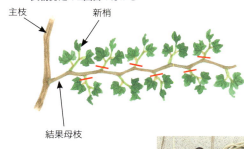

新梢の誘引

芽かき後、新梢が伸びてきたら、棚や支柱、支線に誘引します。

長梢剪定の誘引（上から見た図）

先端部以外の新梢は、枝や葉が重ならないような位置に誘引する。

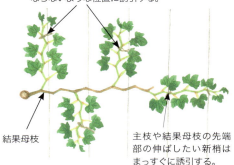

主枝や結果母枝の先端部の伸ばしたい新梢はまっすぐに誘引する。

ゆるめに結ぶ
成長する新梢に誘引資材が食い込まないよう、ゆるめに結ぶ。

いろいろな誘引資材
❶ テープナー（誘引専用の道具）
❷ 麻ひも
❸ ビニールタイ
❹ 誘引テープ
❺ 梱包用のひも

Column

誘引で枝を折らない技「捻枝(ねんし)」

誘引するとき、無理に新梢の方向を変えると、木化していない緑色の新梢が、茶色く木化した結果母枝との境目で取れてしまうことがよくあります。

その場合、片手で新梢基部をしっかりと持って固定し、別の手で新梢をひねると、新梢の繊維がブチッと音を立てて切れます。音がしたあとは誘引しやすくなり、結果母枝に対し垂直方向に引っ張っても、新梢が根元から折れることは避けられます。木化した太い枝では行えません。

ひねって新梢の繊維を切る
片手で枝を固定し、片手でひねる。
(基部をしっかり持つ)

繊維が切れた新梢
ひねると、枝の表面に見える筋が曲がる。

基本 副梢と巻きひげの取り除き

適期=4〜9月

副梢の取り除き

副梢についた葉を1〜2枚残して、その先を摘心します。摘心した副梢から再度、わき芽(二次副梢)が伸びてきたら、二次副梢に葉を1〜2枚残して再摘心を繰り返します。

副梢は葉を1〜2枚残して切る

(副梢の残す葉 / 新梢の葉 / 副梢)

巻きひげの取り除き

①つけ根から切る 　②切り終わり

May
5月

今月の主な作業

- 基本 新梢の芽かき、誘引
- 基本 副梢と巻きひげの取り除き
- 基本 新梢の摘心
- 基本 摘房　基本 花房整形
- トライ ジベレリン処理
- トライ 雨よけ

基本 基本の作業
トライ 中級・上級者向けの作業

5月のブドウ

多くの品種の花が咲きます。

先月に続き、新梢の誘引を行います。棚面や支柱などに誘引することにより、新梢の伸びを抑え、強風による新梢の欠損を防ぐことができます。

開花前に、大粒品種では1新梢に1花房、小粒品種では1新梢に2花房となるよう摘房し、花ぶるいを抑えて着果数を確保するために、新梢の摘心を行います。

開花し始めた花。ブドウの花には花弁がない。雄しべが伸びると開花になる。

主な作業

基本 新梢の芽かき、誘引
　4月に準じます（46ページ参照）。

基本 副梢と巻きひげの取り除き
　4月に準じます（47ページ参照）。

基本 新梢の摘心

開花1週間前に1回目の摘心

強く伸びた新梢や、開花時期に強く伸びそうな勢いのよい新梢は、蕾の固まりにすき間ができる開花1週間前を目安に、花房の先に葉を5〜6枚残して、その先をハサミで切除します。

摘心して新梢の伸びを一時停止させると、枝の伸びに使われるはずの養分が花の生育に回るなどして、花ぶるい（88ページ参照）を抑えられます。

新梢の摘心

雨よけをしたブドウ農場
ビニールは天井部分にだけかける。

基本 摘房

開花前に行う

摘房は、花房の数を減らす作業です。生育のよい新梢には3房以上の花房がつくことが多いのですが、すべての花房を残していると、のちに果実の肥大や果皮の着色に悪影響を与えます。

開花に使われる養分を残した花房に集中させるため、摘房は開花前までに完了させます。実際の作業は52ページを参照してください。

基本 花房整形

開花前から開花初期までに

花房の花をすべて残すと果房が大房になり、各果粒に行く養分が分散して、果粒肥大が悪くなったり、果房の形が損なわれたりします。そのため、花房整形を行って、あらかじめ房数を減らしておきます。実際の作業は52ページを参照してください。

トライ ジベレリン処理

タネなし果をつくる

ジベレリンは植物ホルモンの一種です。処理をすると、果粒がタネなしになったり、果粒の肥大が促進されたりします。ジベレリン処理をした果実は、しない果実より成熟が2週間ほど早まります。

品種によって、処理時期および処理液の濃度が異なるので、ジベレリン薬の説明書をよく読んで行いましょう。実際の作業は54ページを参照してください。

トライ 雨よけ

病害虫防除のために行う

ブドウの病害の大半は、雨で病原菌が飛散して伝染するので、雨よけをするだけでかなりの病害が防げます。開花前から収穫期まで、フレームなどを組んで透明のビニールをかけておくと、湿度を低く維持でき、長期間病害を抑えることができます。

ただし、うどんこ病のように低湿度条件でまん延する病害もあるので、完全に防除することは困難です。また雨よけ栽培ではフタテンヒメヨコバイという害虫がまん延しやすいので、定期的に防除します（59、87ページ参照）。

鉢植えの場合は、開花期間、および果粒軟化期から収穫期までだけでも、戸外の雨のかからない場所に置いておけば、病害の防除効果が高まります。

今月の管理

- ☀ 戸外の明るく風通しのよい場所
- 💧 鉢植えは鉢土の表面が乾いたら、庭植えは好天が続いたら
- 🟫 基本的には不要
- 🍃 病気が発生し始める

管理

🪴 鉢植えの場合

☀ **置き場：明るく風通しのよい場所**

💧 **水やり：鉢土の表面が乾いたら**

鉢底から流れ出るまで、たっぷりと水を与えます。

🟫 **肥料：生育が悪い場合は追肥**

基本的には不要ですが、新梢の伸びが悪い場合は速効性の化成肥料を施します（58ページ参照）。

🌱 庭植えの場合

💧 **水やり：マルチングで乾燥防止**

新梢が伸びる時期の水分不足は、その後の生育に悪影響を与えます。基本的には土壌水分があれば水やりは不要ですが、好天が続いたら水やりをしましょう。

株元にわらなどを敷いてマルチングをしておくと、土壌の乾燥を軽減できます。さらに、土壌有機物がふえ、土づくりの効果もあります。

🟫 **肥料：生育が悪い場合は追肥**

鉢植えと同様です（施し方は75ページ参照）。

🪴🌱 病害虫の防除

うどんこ病、黒とう病、べと病、害虫など

発病した葉や花、幼果などは速やかに取り除きます（59、82ページ参照）。

ブドウの病気の多くは、雨滴や水滴で飛散した病原菌によって発病します。そのため、水やりは葉や花などにかからないように株元に与え、鉢植えは雨の当たらない場所に移動させると病気を減らせます。ただし、うどんこ病は低湿度で発生が助長されるため、雨の当たらない場所で被害が拡大しないように早期発見に努めます。

害虫は見つけしだい捕殺します。雑草は病原菌や害虫の温床となるので除草し、株元をきれいに保ちます。

土壌の乾燥防止に稲わらのマルチング
株元に1m四方に厚く敷く。

果房の成長

● 開花から果粒肥大期

1花房内の各花の開花は一斉ではなく、房の中央あたりから始まり、上下に移ります。満開後2～3週間は細胞分裂期で、その後、細胞数はふえません。各細胞が肥大して果粒の成長がその後も続きます。

● 果粒軟化期

果粒の成長は成熟まで直線的に進むのではなく、果粒軟化期に一時的に停滞します。この時期にタネの硬化、着色系品種では果皮の着色が起こります。そのため、果粒軟化期のことを、水まわり期、硬核期（「核」は硬い種皮のこと）、ベレゾーン期（ベレーゾン期ともいう）とも呼びます。

果粒の成長が一時的に停滞する期間や時期は、品種により異なります。着色が始まってから約1か月で収穫を始めることができます。

● 収穫適期

果実に含まれる糖は、幼果期にはほとんどふえず、成熟期を迎えると急激にふえます。そのため、収穫適期より数日早どりしただけでも甘さが違います。

満開から約2週間後
細胞分裂によって果粒の細胞数がふえる。花が小さくふくらんでくる（'デラウェア'）。

果実肥大期
満開から約1か月後。果実の肥大が進む。果粒はまだ堅い（'デラウェア'）。

果粒軟化期
左／着色系品種では着色し始める（'ミニ甲斐路'）。
右／果粒に触ると弾力がある（'シャインマスカット'）。

収穫適期
果粒全体が着色した'デラウェア'。

基本 摘房

適期＝5月（開花前）

1新梢に1〜2房残す

'巨峰'のような大粒品種では1新梢に1房、'デラウェア'のような小粒品種では1新梢に2房程度に摘房します。

鉢植えでは、根が伸びるスペースが限られ、樹体内の養分量に限界があるため、品種にかかわらず1新梢1房を基本とします。

新梢のつけ根側の花房のほうが大きいので、新梢の先端部から摘房します。

4房ついた新梢
枝の先端に近いほうから花房を切り落とす。

摘房の完了
写真では大きな花房を1房残した。

基本 花房整形 花房を短くする

適期＝5月（開花前〜開花初期）

花は花房中心から咲き始める

1花房内の花は一斉に咲くのではなく、中央部あたりから咲き始め、上と下へ開花が続きます。花房の先端部は終わりのほうに開花し、最後に房の肩の部分（岐肩）が咲きます。

そのため、中央の花穂を残して花房整形をすると、果実の成熟が早くなり

最初に副穂を切る

副穂を切る
花房が2つ以上ついている場合は、大きな房を残して、小さな房（副穂）を切る。

切除完了
矢印が切った場所。

ます。反対に、房の先端の花穂を残すと、成熟がやや遅くなります。

切り落とす花穂の位置

'巨峰'などの大粒品種では、成熟した果房を500g以上の大房にすると、果皮の着色不良や低糖度などの品質低下につながります。そのため、開花初期から、岐肩が咲き始めたころに、3.5cmぐらいの長さに花房を切り縮めます。'デラウェア'などの小粒品種は岐肩を切除する程度でかまいません。

ジベレリン処理をする場合は、肩の部分から花穂を落とし、薬品のカップに入る長さに整形します。蕾が詰まった先端部分は、成長するうちにジベレリンの働きで軸が伸びていきます。

ジベレリン処理をしない場合

1 先端を切る
蕾が詰まっている先端部分を切り落とす（矢印）。'デラウェア'などの小粒品種は切り落とさなくてよい。

2 肩の部分（岐肩）の花穂を切る
写真は2段切ったところ。'巨峰'などの大粒品種は4段ほど、'デラウェア'などの小粒品種は2段ほど切る。

ジベレリン処理をする場合

1 肩の部分の花穂を切る
ジベレリンのカップに入る長さになるまで切り落とす。

2 切り終わり
写真は4段切ったもの（矢印の部分）。

トライ ジベレリン処理

適期＝5月〜6月中旬

花房整形後に行う。1回処理と2回処理の品種があり、薬剤の説明書に従う

時期と回数

品種により、満開約2週間前と満開約2週間後の2回行うものと、満開時から満開3日後（あるいは7日後）までに1回だけ行うものがあります。いずれにしても、処理に適した時期より早すぎても遅すぎても、タネが残るなど効果が劣ります。花房の状態をよく見て時期を見極めましょう。

最近では、ジベレリンだけではタネが抜けにくいので、満開時に1回だけ、ジベレリン、抗生物質のストレプトマイシン、植物ホルモンの一種のサイトカイニンの混合液を用いる方法が主流になってきています。でも、満開後にもジベレリン処理をする2回処理のほうが、果粒の肥大が優れるものが多くあります。

それぞれの品種の使用時期と回数は、購入したジベレリン薬の説明書を読み、きちんと守りましょう。

処理液の濃度について

処理液は、ジベレリン薬を、説明書に書かれた所定の濃度で水に溶かしてつくります。濃度は、'デラウェア'では100ppmですが、多くの品種はそれより低い濃度です。

処理の時期を見極める

早すぎる
蕾が固まっている花房は、処理するには早い。

満開予定の2週間前の花房
2回処理の場合の1回目の処理時期。目安は、蕾の固まりがばらけてきて、すき間が少しできたころ。

満開前の花房
この写真の状態から上と下の花が咲いて満開になったら、'巨峰'や'ピオーネ'などで1回処理を行う場合の処理時期。

満開から約2週間後
2回処理の場合の2回目の処理時期。目安は果粒がマッチ棒の火薬部分の大きさになったころ。

用意するもの

❶ 容器（小さいほうは'デラウェア'の1回目用、大きいほうは'デラウェア'の2回目と'巨峰'の1回目用）
❷ ジベレリン薬剤
❸ 確認用の色粉（食品添加物で、購入した薬剤に付属している）

手製のジベレリン容器
ペットボトルを切ってつくることもできる（左）。

❶ ジベレリン液に浸す
処理液を容器に入れ、花房全体を液に浸してすぐに引き上げる。

❷ 処理液のつき具合を確認する
処理液に浸っていない部分があると、そこだけタネありとなり、果粒の成熟時期が遅れる。

Column

ジベレリン処理の効果

ジベレリンはもともと自然界にある植物ホルモンで、植物の体内で成長に関わる働きをしています。ジベレリン処理はその働きを強め、果粒をタネなしにしたり、肥大を促進させたりするために行います。処理をした果房と未処理の果房は右の写真のように違います。

ジベレリン処理をした果房（左）、未処理の果房（右）
品種は'甲斐美嶺'。

June
6月

基本 基本の作業
トライ 中級・上級者向けの作業

今月の主な作業

- 基本 摘粒
- トライ ジベレリン処理
- 基本 袋かけ、傘かけ
- 基本 新梢の摘心、誘引
- 基本 副梢と巻きひげの取り除き
- トライ 雨よけ
- トライ とり木

6月のブドウ

　花の満開後、2～3週間ほどたつと果実の肥大期に入ります。

　大粒品種の摘粒を始めます。摘粒は果実肥大に合わせ、果粒軟化期初期まで数回に分けて行います。摘粒が終了したら、病害虫防除などのため袋かけをします。

　果実肥大期は土壌を乾かしすぎないように注意し、庭植えでも土壌が乾いたら水やりをします。

青くて堅い果粒の肥大が日々進み、ブドウらしくなる。収穫が待ち遠しい時期。

主な作業

基本 摘粒

満開2～3週間後から果粒軟化期初期まで数回に分けて行う

　満開2～3週間後には果粒もダイズ粒ほどの大きさになり、果実の良否がある程度わかるようになります。そこで、大粒品種の摘粒を始めます。

　摘粒は、果粒の肥大が停滞する果粒軟化期初期（果粒が柔らかくなる時期、51ページ参照）まで、果実の肥大に合わせて数回に分けて行います。特に成熟時の果粒が10gを超える着色系大粒品種は、あまり大房にすると果皮の着色不良が起こるため、成熟時に1房500g程度になるように摘粒します。'デラウェア'などの小粒品種では、摘粒はしなくても大丈夫です。

　満開2～3週間後から果粒軟化期まで果粒の肥大スピードは速いので、適期を逃すと果房内部までハサミが入らなくなり、作業効率が低下します。実際の作業は60ページを参照。

トライ ジベレリン処理

　5月に準じます（54ページ参照）。

真珠玉（真珠腺）
生育が盛んな時期のブドウの枝では、分泌液が丸く固まり、「真珠玉（または真珠腺）」と呼ばれる。虫の卵と間違えられやすい。

基本 袋かけ、傘かけ
病害虫、鳥害、雨、日焼けから守る

摘粒完了後、果粒軟化期前までに袋かけや傘かけを行います。袋かけには果房の病害虫防除や鳥害防除、雨よけ、日焼け防止効果のほか、薬剤散布時に薬剤が果実に付着することも防げます。実際の作業は62ページを参照してください。

基本 新梢の摘心、誘引
混み合ってきた新梢を整理する

新梢が伸びて混み合ってくると、病害虫が発生しやすくなるだけでなく、肥大中の果実にも悪い影響を与えます。樹冠内部が暗くなってきたら、新梢の間引きや、新梢先端の摘心を行って、日当たりと風通しをよくします。

また、誘引も見直して、枝をバランスよく配置し直しましょう。実際の作業は64ページを参照してください。

基本 副梢と巻きひげの取り除き

4月に準じます（47ページ参照）が、右写真のように、副梢は4月より伸びています。

トライ 雨よけ

5月に準じます（49ページ参照）。

トライ とり木
苗を簡単にふやす方法

とり木は、枝の一部を環状剥皮したり（90ページ参照）、土中に埋めたりして、その付近から新しい根を発生させる繁殖方法で、大きな苗木を得ることができます。ブドウの場合、発根が容易なので、枝を環状剥皮しなくても、発根させたい部分を湿った状態にしていれば発根してきます。新梢がある程度堅くなってきたら行えます。実際の作業は65ページを参照してください。

副梢の取り除き
副梢は葉を1〜2枚残して切る。

今月の管理

- 戸外の明るく風通しのよい場所
- 鉢植えは鉢土の表面が乾いたら、庭植えは好天が続いたら
- 生育が悪かったら追肥
- 早期発見・早期対処、除草

管理

鉢植えの場合

置き場：明るく風通しのよい場所

雨が続いて病害が心配なら、雨が当たらない軒下などに避難させます。

水やり：鉢土の表面が乾いたら

鉢底から流れ出るまで、たっぷりと水を与えます。

肥料：生育を見て追肥

新梢の伸びが悪かったり、葉色が薄かったりする場合は、6〜9月にかけて数回、速効性の化成肥料（N-P-K＝10-10-10など）を追肥します。

庭植えの場合

水やり：好天が続いたら

5月に準じます（50ページ参照）。果粒の肥大期に入ってから水分が不足すると、果皮が伸びにくくなり、のちに裂果を招きやすくなります。

肥料：生育を見て追肥

新梢の伸びが悪かったり、葉色が薄かったりするときは速効性の化成肥料を施します。施し方は75ページ参照。

病害虫の防除

うどんこ病、黒とう病、べと病、害虫など

5月に準じます（50ページ参照）。

鉢植えの施肥
適量の肥料を鉢土の表面全体にばらまく。施す量は肥料の説明書に従う。

庭植えの水やり
土壌表面がぬれるだけでは不十分なので、水たまりができるくらいまで水を与える。ホースの口を指で押さえ、水流を広げて散水するとよい。マルチングの上から水を与えてもよい。

Column

ブドウの代表的な病気と害虫

これらの症状や虫を見つけたら速やかに対処しましょう。詳しい症状や対処は82～87ページにあります。

病気

べと病 葉表に病斑、葉裏にカビが発生する。

葉表の病斑

葉裏のカビ

うどんこ病 白い粉状のカビが発生する。

初期症状

果実被害

黒とう病 黒い病斑が発生する。

葉の症状

果実の症状

晩腐病 淡褐色でぼんやりした病斑が発生する。

果実の症状

灰色かび病 灰色のカビが現れる。

果実の症状

害虫

スカシバ類 幼虫が木の内部を食害。

クビアカスカシバの幼虫

ブドウスカシバの幼虫が内部にいる枝

コウモリガ 幼虫が木の内部を食害。

幼虫の巣の入り口

ブドウトラカミキリ 幼虫が木の内部を食害。

ブドウトラカミキリの成虫

コガネムシ類 成虫が葉を食害。

アオドウガネの成虫

食害された葉

フタテンヒメヨコバイ 幼虫が葉裏で吸汁。

被害葉

コナカイガラムシ類 成虫や幼虫が吸汁。

果実被害

基本 摘粒

適期＝6〜7月（満開2、3週間後〜果実軟化期初期）

　肥大中の果房の内側にある果粒は、肥大とともに、周囲のほかの果粒に押されてつぶれてしまうので、内部にすき間をつくるように摘粒します。小粒の果粒や、形の悪い果粒、病害果から取り除き、基本的には大きな果粒を残します。残す果実をハサミで傷つけないように注意します。摘粒完了の目安は、果軸が曲がるようになるまでです。

1回目の摘粒

❶ 摘粒前の果房
果粒がくっつき合って、果房全体が堅い。

❻ 摘粒完了後の果房
果房内部にすき間ができ、果軸が曲がる。

❷ 果粒がない部分を切る

❸ 外側の果粒を摘粒する
小さい果粒、形の悪い果粒、病害果は取り除く。

❹ 内部の果粒を摘粒する
ハサミを差し込み、小さい果粒などを切って果房内部にすき間をつくる。

❺ 果軸を曲げて確認
果軸を曲げられるようになれば完了。

2回目の摘粒

摘粒前

❶ 摘粒前の果房
果粒が肥大して、再び果房がガチガチになった。

❷ 外側の果粒を摘粒する
内部にハサミが入るように、小さい果粒や形の悪い果粒などを摘み取る。

❸ 果房内部にすき間をつくる
果粒が触れ合わない程度に果粒を減らす。3粒並んでいたら1粒落とすような目安で。

摘粒後

❹ 摘粒完了後の果房

Column

小粒品種の摘粒の効果

'デラウェア'などの小粒品種は、基本的に摘粒の必要はありませんが、摘粒をして果粒の数を減らすと、1粒に使われる養分がふえるため、果粒が大きくなります。

1回摘粒した果房（左）、摘粒していない果房（右）
左は満開3週間後に1回摘粒。品種は'ハニーシードレス'。

基本 袋かけ、傘かけ

適期＝6〜7月
（摘粒完了後〜果粒軟化期前）

袋かけ

袋かけ資材は、一般的には紙製のものが多く使われます。有底の果実全体を包むものと、無底のものがあります。

雨水や害虫の侵入を防ぐため、袋の口はすき間がないようにしっかりと折りたたみます。

1 袋に果房を入れる
着色開始前に袋をかける。

3 もう片側も折り曲げて、針金の部分を巻く
すき間ができないように、しっかり果梗に巻きつけて留める。

2 袋の口の片側を折り曲げる

4 袋かけ完了

いろいろな果実袋
左／**無底の果実袋**
袋のかけ方は有底袋と同じ。
右／**透明で微孔のある袋**
日焼け防止の傘かけも行っている。

傘かけ

雨よけや日よけの効果があります。害虫や鳥害は防げないので、虫が少ない環境で、防鳥網を張ってある場合に適します。

1 傘の切れ目の奥まで果梗を通す

2 傘をかける

3 ホチキスで留める　傘の重なった部分を2か所ほど留める。

4 傘かけ完了

袋かけ、傘かけ資材

ⓐ 有底の袋（防鳥、防虫、雨よけ、日よけの効果がある。熱がこもって果実が高温になることがある）

ⓑ 無底袋の袋（雨よけ、日よけ効果はあるが、虫や鳥は防げない。果実が高温になる心配が少ない）

ⓒ 微孔がある透明袋（通気性があり、果房の生育状況がわかりやすい。日よけの効果はない）

ⓓ ポリエチレンの傘（傘が風雨で劣化しにくいが、日よけの効果はない）

ⓔ 紙の傘（撥水のためのロウが塗ってある。日よけの効果がある）

基本 新梢の摘心、誘引

適期＝5〜8月

枝が混み合う前にこまめに行う

新梢の間引き
新梢の数を減らして樹冠内部の日当たりと風通しをよくします。

同じ場所から出た枝は1本にする
勢いがよい枝や、果房がない枝を間引く。新梢の生育がそろっている場合は、株元から遠いほうの枝を間引く。

間引き完了

新梢の誘引
伸びた新梢を誘引。混み合っていたらバランスよく誘引し直します。

新梢を無理に曲げないように誘引
誘引テープやひもなどで支柱や支線に結ぶ。

誘引した新梢

誘引後に新梢の摘心
風通しと作業のしやすさを確保します。

新梢を1mの長さに切りそろえる
伸びすぎた新梢の長さをそろえる。

不要な蕾

残す葉

摘心は手で折ることもできる
養分の浪費を防ぐため、不要な蕾はのちに除去する。

トライ とり木

適期＝6〜9月

とり木の方法のなかでも簡単な圧条法と高とり法を紹介します。細い新梢や柔らかい新梢は枯れやすいので、鉛筆以上の太さの新梢を用います。

発根させる新梢は株から切らず、副梢が出ている節のあたりを発根させて苗をつくります。

1〜2か月後に発根を確認したら、新梢を切って副梢で苗をつくり、鉢やポットなどに植えて育てます。

副梢 / 副梢 / 新梢（株から切らずに発根させる） / 圧条法の場合、このあたりを発根させる

圧条法

① 地面を深さ5cmほどに掘る

② 発根させたい部分を地面に埋める
新梢が隠れる程度に埋め、たっぷりと水を与える。埋めた部分に石などをのせておくと発根が早まる。その後、土が乾いたら水を与える。

高とり法

① ビニール袋に新梢を通す
袋の斜め下に穴をあけ、枝を通して片側を縛る。

② 新梢を湿らせて吊るす
ビニール袋の中に、湿らせたロックウールや水ゴケを入れて新梢を包み、もう片側も縛って吊るす。中の詰め物が乾燥しないように水を与える。

7月 July

基本 基本の作業
トライ 中級・上級者向けの作業

今月の主な作業

- 基本 摘粒
- 基本 袋かけ、傘かけ
- トライ 樹上選果
- 基本 収穫
- 基本 新梢の摘心、誘引
- 基本 副梢と巻きひげの取り除き
- トライ 鳥害対策
- トライ 雨よけ
- トライ とり木

7月のブドウ

　新梢の伸びが止まってきます。望ましいのは全体の80％ほどの新梢が伸長を停止している状況です。

　新梢がまだ旺盛に伸び、果房が暗い日陰になると、果皮の着色が悪くなるだけでなく、新梢の登熟（75ページ）も妨げられるため、新梢や副梢を整理し、誘引を見直します。ただし、果粒軟化期に入ってから一度に多くの新梢を切ると、着色不良などを招きます。

　早い地域では収穫時期を迎えます。

いよいよ早生品種から収穫が始まる。写真は完熟した'キングデラ'。

主な作業

基本 摘粒
果粒が密着してきたら行う

　果粒が密着し、果房が再びガチガチになったら、果粒軟化期初期までに、果軸を曲げられるまで摘粒します。作業は6月に準じます（60ページ参照）。

基本 袋かけ、傘かけ
　6月に準じます（62ページ参照）。

トライ 樹上選果
品質の悪い果房を摘房する

　果実の肥大具合や果皮の着色状況を確認し、このまま熟させてもおいしくなさそうな果房は摘房します。詳しくは69ページを参照してください。

基本 収穫
果皮の色を見て完熟を知る

　早い品種では収穫期を迎えます。果房全体が着色し、果粒が小果梗（9、73ページ参照）とのつけ根部分まで色づいている房を収穫します。

　果梗がしなびるまでは樹上に実らせておけるので、早どりを控え、完熟果実を味わいましょう。実際の作業は73ページを参照してください。

ブドウには木漏れ日を
枝葉が茂って樹冠が暗くなる前に枝を整理し、果房や地面に木漏れ日がちらちら当たるようにする。写真は'サマーブラック'。

基本 新梢の摘心、誘引
果粒軟化期以降は一度に多くの新梢を切除しない

6月に準じ、新梢が伸びていれば、1〜2枚の葉を残して摘心します（48、64ページ参照）。ただし、果粒軟化期に入ってから一度に多くの新梢を切除すると、果実の着色不良などの障害が発生するので注意します。誘引も見直し、混み合っている枝は、あいている場所に誘引し直します。

基本 副梢と巻きひげの取り除き
4月、6月に準じます（47、57ページ参照）。

トライ 鳥害対策
鳥から果実を守る

果粒の軟化や着色が始まると、鳥による食害が発生するので、袋かけや防鳥網の被覆をします。袋かけだけでは、カラスなどが袋をつついて果実を食べることもあります。その場合、石灰チッ素が利用できます。

トライ 雨よけ
5月に準じます（49ページ参照）。

トライ とり木
6月に準じます（65ページ参照）。

トライ 鳥害対策
適期＝7月〜収穫終了

石灰チッ素を吊るしておくと、においで鳥が寄りつかなくなります。においがなくなったら鳥への忌避効果がなくなるので、定期的に交換します。

石灰チッ素の鳥よけ
石灰チッ素をネットやストッキングなどに入れ、雨がかからないように果房の周囲に吊るしておく。

石灰チッ素
除草効果、殺菌効果、肥料効果があり、少量であれば追肥としても利用できる。ホームセンターなどで購入できる。

今月の管理

- ☀ 戸外の明るく風通しのよい場所
- 💧 鉢植えは鉢土の表面が乾いたら、庭植えは好天が続いたら
- 🌱 生育が悪かったら追肥
- 🐛 早期発見・早期対処、除草

管理

🪴 鉢植えの場合

☀ 置き場：明るく風通しのよい場所

雨が続いて病害が心配される場合は、軒下など雨が当たらない場所に避難させましょう。

直射日光が強く、日焼けが心配される場合は、寒冷紗などで日よけをするか、明るい日陰に移動させます。

💧 水やり：梅雨明け後は毎日

鉢土の表面が乾いたら、鉢底から流れ出るまでたっぷりと水を与えます。特に、日当たりのよい場所に置いてある鉢植えの場合、気温が高い日中の水やりは、鉢内が蒸れるおそれがあるので避けます。

🌱 肥料：生育を見て追肥

6月に準じます（58ページ参照）。

🌿 庭植えの場合

💧 水やり：好天が続いたら

好天が続いたら、朝夕の涼しい時間帯に水やりをしましょう。この時期に水分不足になると、果皮が伸びにくくなります。その後に土壌水分が急にふえると果肉が急激に肥大し、果皮の成長が追いつかず、裂果を招きます。土壌水分を一定に保って裂果を防ぐには、マルチングが効果的です（50ページ参照）。

🌱 肥料：生育を見て追肥

6月に準じます（58ページ参照）。施し方は75ページを参照してください。

🪴🌿 病害虫の防除

カミキリムシ類、コガネムシ類、ケムシ、イモムシなど

前月に続き、発病した葉や果実は速やかに取り除き、害虫は見つけしだい捕殺します（59、82ページ参照）。病気の防除には雨よけが効果的です。

葉や枝を食べるコガネムシ類（ドウガネブイブイ、マメコガネなど）や、カミキリムシ類の被害がふえます。土の中で大量発生したコガネムシ類の幼虫の対処は薬剤散布しかありません。

トライ 樹上選果 | 品質が期待できない果房は摘房する

適期＝7～8月

　樹上選果には、品質の悪い果房や果粒を除去して、残っている果実に養分を回したり、病害のまん延を抑えたりする効果があります。

　着色系品種の場合、果房全体がぼんやりと着色している房は、低糖度となりやすく、味が期待できないので摘房します。高品質の果房は、飛び飛びにいくつかの果粒が濃く着色を始める房です。ブドウのトラブルについては88ページも参照してください。

正常に着色

正常に着色中の巨峰群の品種（着色開始期）

着色障害

着色不良の'巨峰'
味のよい果実を得るには摘房したほうがよい。

着色不良の果房の除去
写真の果房は花ぶるいも起こしている。

いろいろなブドウのトラブル

ショットベリー
（堅い緑色の小さな粒）
本来落果するはずの果粒が残ったもの。肥大した着色果粒は問題なく食べられる。

日焼け
日焼け部分を取り除けば食べられる。

裂果
裂果した果粒は、カビたり腐ったりしていなければ食べられる。

August

8月

基本 基本の作業
トライ 中級・上級者向けの作業

今月の主な作業

- 基本 収穫 → トライ 樹上選果
- 基本 新梢の摘心、誘引
- 基本 副梢と巻きひげの取り除き
- トライ 鳥害対策(収穫終了まで)
- トライ 雨よけ
- トライ とり木

8月のブドウ

　成熟して収穫期を迎える品種がふえてきます。

　果実のつけすぎは着色不良や糖度低下につながります。また、着色系品種で果房全体がぼんやり着色している場合は、最終的に着色不良となりやすいため、早めに摘房します。果実でも光合成を行っているため、果房に日陰をつくる葉は除去します。果房に十分に日光が当たっていないと着色不良となる品種もあります。

白色系品種は、果粒が黄色みを帯びてきたら収穫。写真は'多摩ゆたか'。

主な作業

基本 収穫

果皮の色を見て判断

　7月に準じますが、7月より多くの品種が収穫期を迎えます。小果梗とのつけ根部分まで果皮が色づいているものを収穫しましょう。

　果梗がしなびるまでは樹上に実らせておけるので、早どりを控え、完熟果実を味わいましょう。実際の作業は73ページを参照してください。

トライ 樹上選果

　7月に準じます(69ページ参照)。

基本 新梢の摘心、誘引

　6月、7月に準じます(64、67ページ参照)。

基本 副梢と巻きひげの取り除き

　4月、6月に準じます(47、57ページ参照)。

トライ 鳥害対策

　7月に準じます(67ページ参照)。

トライ 雨よけ

　5月に準じます(49ページ参照)。

トライ とり木

　6月に準じます(65ページ参照)。

収穫したブドウ。左の白色系品種は'ハニーシードレス'、その横の黒色系品種は'ブラック・オリンピア'（左）と'多摩ゆたか'（右）、紅色系品種は'キングデラ'。

Column

高温対策、日焼け防止を

　真夏日や猛暑日、日ざしが強い日が続くと、日光の当たる葉や果房の表面温度が高くなり、日焼けします。また、夜温が高い熱帯夜が続くと、着色不良や糖度の低下を招きます。

　庭植えで日焼けや日中の高温を避けるには、樹上に寒冷紗をかけます。遮光率の高すぎる寒冷紗は糖度低下の原因になるので、遮光率40％以下のものを用いましょう。また、熱帯夜が続くような場合は、夕方に葉が十分にぬれるほど散水をして、少しでも温度を下げます。

　鉢植えの場合は、鉢を日陰に移動させたり、寒冷紗で日よけをするなどします。

ブドウ栽培のハウスでは、日焼け防止と温度管理のため、遮光ネットを天井にかけている。

今月の管理

- ☀ 戸外の明るく風通しのよい場所
- 💧 鉢植えは土の表面が乾いたら、庭植えは好天が続いたときと収穫終了直後に
- 🧪 鉢植えは追肥、庭植えはお礼肥
- 🐛 早期発見・早期対処、除草

管理

🪴 鉢植えの場合

☀ 置き場：明るく風通しのよい場所

雨が続いて病害が心配される場合は、軒下など雨が当たらない場所に避難させましょう。

直射日光が強く、日焼けが心配される場合は、寒冷紗などで日よけをするか、明るい日陰に移動させます。

💧 水やり：水やりは毎日

7月に準じます（68ページ参照）。

🧪 肥料：生育を見て追肥

6月に準じます（58ページ参照）。

🌱 庭植えの場合

💧 水やり：収穫直後にたっぷり水やり

早期落葉の防止のため、庭植えでも収穫直後にたっぷり水を与えます。その後は土の乾き具合を見て、乾燥している場合は、朝夕の涼しい時間帯に水やりをします。

株元にわらや刈り取った雑草を敷いてマルチングをしておくと、土壌の保水性が高まります。マルチングには、土壌有機物をふやす土づくりの効果もあります（50ページ参照）。

🧪 肥料：収穫が終了した木にお礼肥

収穫終了直後に1回、樹勢を回復させるため、速効性の化成肥料（N-P-K＝10-10-10 など）を施します（75ページ参照）。ただし、樹勢が強く、収穫終了後も新梢が強く伸びる（遅伸び）場合は、樹勢が落ち着く9月以降にずらします。

結実しなかった木も落葉前までに1回、速効性化成肥料を施します。

🪴🌱 病害虫の防除

カミキリムシ類、コガネムシ類、ケムシ、イモムシなど

7月に準じます（68ページ参照）。

基本 収穫

適期＝7月〜10月中旬

果皮が小果梗まで色づいたら収穫

　果粒が小果梗とのつけ根部分まで着色しているものから収穫します。白色系品種は色の判断が難しいのですが、果皮の緑色が抜け、黄色みを帯びてきたら収穫適期です。

　果皮の着色が先に進み、遅れて果汁の糖度が上がる品種もあるため、果皮色だけで判断すると早どりとなることもあります。

　完熟前は収穫がわずか1日違っただけでも甘さに開きが出てきます。また、果粒の糖度は、房の先に行くほど低くなります。そのため、果房の先端部分の果粒を食べてみて、十分甘ければ果房全体の糖度は高いといえます。

着色系品種の完熟
果粒が小果梗とのつけ根部分まで色づき、ブルーム（果粉）が果粒全面についている。

小果梗

白色系品種の完熟
果粒軟化期の緑色が抜け、黄色くなっている。見えにくいが、全面にブルームがついている。

収穫の方法
果粒に触ってブルームを落とさないように、果梗を持って切る。

ブルーム（果粉）の働き

　ブルームはロウ状物質（ワックス）で、果粒表面についた水をはじく役目をしています。植物の病気の大半は雨粒などの水を介して広がるので、植物が自己防御しているのです。ブルームは新鮮な果実についていて、収穫して時間がたつとはがれていきます。

September
9月

今月の主な作業

- 基本 収穫
- 基本 副梢と巻きひげの取り除き
- トライ 鳥害対策（収穫終了まで）
- トライ 雨よけ
- 基本 早期落葉の防止
- トライ とり木

基本 基本の作業
トライ 中級・上級者向けの作業

9月のブドウ

多くの品種で収穫は終わります。ブドウの木は落葉期までに、来年の生育のための貯蔵養分を蓄積します。そこで、収穫直後のお礼肥で樹勢の回復を助けます。新梢が伸び続けている場合はお礼肥は控え、新梢を間引いて、翌年のために結果母枝の充実を図ります。

早期落葉の防止のため、庭植えでも収穫直後にたっぷり水を与え、その後は土の乾き具合を見て水やりをします。

収穫した'ブラック・オリンピア'。収穫は果実の温度が上がらない朝のうちに。

主な作業

基本 収穫

8月に準じます（73ページ参照）。

基本 副梢と巻きひげの取り除き

4月、6月に準じます（47、57ページ参照）。

トライ 鳥害対策

7月に準じます（67ページ参照）。

トライ 雨よけ

5月に準じます（49ページ参照）。

基本 早期落葉の防止

健全なブドウの落葉期は11月ごろです。それ以前に落葉すると、養分の貯蔵期間が短くなり、枝の登熟不良を招きます。原因や対策は90ページを参照してください。

早期落葉した木

トライ とり木

6月に準じます（65ページ参照）。

今月の管理

- ❄ 戸外の明るく風通しのよい場所
- 💧 鉢植えは土の表面が乾いたら、庭植えは好天が続いたときと収穫終了直後に
- 🌱 鉢植えは追肥、庭植えはお礼肥
- 🐛 早期発見・早期対処、除草

管理

🪴 鉢植えの場合

❄ 置き場：明るく風通しのよい場所

雨が多く病害が心配なら、雨が当たらない軒下などに避難させましょう。

💧 水やり：鉢土の表面が乾いたら

7月に準じます（68ページ参照）。

🌱 肥料：生育を見て追肥

6月に準じます（58ページ参照）。

🏠 庭植えの場合

💧 水やり：土壌の水分状態を見て水やり

8月に準じます（72ページ参照）。

🌱 肥料：収穫が終了した木にお礼肥

収穫終了直後に1回、速効性の化成肥料（N-P-K＝10-10-10など）を施します。結実しなかった木も落葉前までに1回施します。

🪴🏠 病害虫の防除

害虫、べと病、うどんこ病など

7月に準じます（68ページ参照）。気温の低下とともにべと病やうどんこ病が発生するので適期防除を行います（59、82ページ参照）。

🌱 お礼肥（庭植え）

適期＝8～10月（収穫終了直後）

収穫終了直後に施します。ただし、新梢がまだ伸び続けている場合は、貯蔵養分の浪費、新梢の木化遅延による登熟不良となり、凍寒害、枝の枯れ込みの原因となるので、お礼肥を控え、伸び続けている新梢を摘心します。

肥料をまいて軽く土に埋める
肥料は説明書に書かれた規定量をまき、表面の土と軽く混ぜる。最後に地面を平らにする。

新梢の登熟（とうじゅく）

登熟して茶色く木化した枝は寒さに強く、冬に枯れなくなります。

October
10月

今月の主な作業

- 基本 収穫
- トライ 鳥害対策（収穫終了まで）
- 基本 土づくり（庭植え）
- トライ 早期落葉の防止

基本 基本の作業
トライ 中級・上級者向けの作業

10月のブドウ

晩生品種も収穫が終了します。ブドウの木は来年の生育のために、樹体内に養分を蓄積している最中です。

毎年安定的に品質の高い果実をつくるためには、土壌の物理的および化学的な改善が必要です。そのため、毎年土づくりを行います。土づくりによって、硬く締まった土壌や水はけが悪い土壌も、通気性、水はけ、保水性が改良されます。

紀元前から栽培されている高級品種の'マスカット・オブ・アレキサンドリア'。

主な作業

基本 収穫

8月に準じます（73ページ参照）。

トライ 鳥害対策

7月に準じます（67ページ参照）。

基本 土づくり（庭植え）

毎年、土に完熟堆肥を施す

土づくりは、土壌の通気性、水はけ、保水力、保肥力の向上などの物理化学性を改善するために必要な作業です。

完熟堆肥を1㎡当たり2kg程度、10～20cmの厚さにまきます。完熟堆肥に多く含まれる有用微生物は紫外線に弱いため、まいたあとの堆肥は土と軽く混ぜるとよいでしょう。

アンモニア臭のする未熟堆肥は、根の生育障害や、白紋羽病（84ページ参照）などの土壌性病害の発生源となります。土と混ぜなければ使えますが、未熟堆肥にはチッ素やカリなどの肥料成分が多く残っているので、知らないうちに肥料分が過剰になり、樹勢を強めたり、果実の品質低下を招いたりすることがあります。

トライ 早期落葉の防止

9月に準じます（74ページ参照）。

今月の管理

- ☀ 戸外の明るく風通しのよい場所
- 💧 鉢植えは土の表面が乾いたら、庭植えは好天が続いたときと収穫終了直後に
- 🟫 鉢植えは不要、庭植えはお礼肥
- 🐛 早期発見・早期対処、除草

管理

🪴 鉢植えの場合

- ☀ **置き場**：明るく風通しのよい場所
- 💧 **水やり**：鉢土の表面が乾いたら
  鉢底から流れ出るまで、たっぷりと水を与えます。
- 🟫 **肥料**：不要

🌱 庭植えの場合

- 💧 **水やり**：土壌の水分状態を見て水やり
  8月に準じます（72ページ参照）。
- 🟫 **肥料**：収穫が終了した木にお礼肥
  9月に準じます（75ページ参照）。

🪴🌱 病害虫の防除

害虫、うどんこ病など

7月に準じます（68ページ参照）。気温の低下とともにうどんこ病が発生するので、適期防除を行います（59、82ページ参照）。

基本 土づくり

適期＝10〜12月

適量の完熟堆肥を土壌表面にまく
1㎡当たり2kg程度の完熟堆肥を、株の周囲に、厚さ10〜20cm程度にまく。

土と軽く混ぜる
まいたままでもよいが、土づくりに役立つ有用微生物を紫外線から守り、堆肥を土となじませるために、土と軽く混ぜるとよい。

November 11月

基本 基本の作業
トライ 中級・上級者向けの作業

今月の主な作業

- 基本 土づくり（庭植え）
- 基本 植えつけ、植え替え（関東地方以西）
- 基本 落ち葉の処理
- トライ 防寒（主に寒冷地）

11月のブドウ

正常に生育している木では、11月に落葉が始まります。先月に引き続き、作業は土づくりが主体です。まだ行っていない場合は、今月中に済ませましょう。

関東地方以西では、苗木の定植や鉢の植え替えができます。秋植えは、春植えより、春先の初期生育がよくなる利点があります。寒冷地では寒さ対策を始めます。

'デラウェア'の紅葉。

主な作業

基本 土づくり（庭植え）
10月に準じます（77ページ参照）。

基本 植えつけ、植え替え（関東地方以西）
春植えより生育がよい

冬に−5℃を下回らない地域では、3月の春植えのほか、11月も植えつけ、植え替えができます。春植えに比べ、秋植えは根と土がよくなじみ、翌春の初期生育が優れます。実際の作業は42〜43ページを参照してください。

基本 落ち葉の処理
来年の病気や害虫の発生を防ぐ

落ち葉にはいろいろな病原菌や害虫がついており、来年の病気や害虫の発生源となります。庭の外に持ち出すか、深さ30cmほどの穴を掘って埋めます。

トライ 防寒（主に寒冷地）
寒さに弱い品種は防寒を

耐寒性の弱い品種では、主幹や主枝にわらやコモなどを巻きます。また、乾燥は凍害を招くため、東北地方以北では土壌が凍結しない時期に月2〜3回、昼間にたっぷりと水やりをし、株元へ半径1〜2m、厚さ10cm程度にわらなどを敷いて土壌乾燥を防ぎます。

今月の管理

- ☀ 戸外の明るく風通しのよい場所
- 💧 鉢植えは鉢土の表面が乾いたら、庭植えは不要
- ◆ 不要
- 🍃 落ち葉や巻きひげを取り除く

管理

🪴 鉢植えの場合

☀ **置き場：明るく風通しのよい場所**

💧 **水やり：鉢土の表面が乾いたら**

鉢底から流れ出るまで、たっぷりと水を与えます。

◆ **肥料：不要**

🏠 庭植えの場合

💧 **水やり：不要**

◆ **肥料：不要**

🪴 🏠 病害虫の防除

病原菌や害虫の温床を減らす

寒さとともに、病害虫の発生は減っていきますが、枯れた巻きひげや落ち葉の中や下で、病原菌や害虫が越冬しています。株元は常にきれいに掃除し、巻きひげや落ち葉は庭の外で処分しましょう。

Column

果実以外の利用も楽しむ

ブドウは、果実以外にもいろいろ利用されています。

葉の裏に綿毛のない品種の新葉は、トルコの代表的な料理「ドルマ」(ロールキャベツに似た料理で、キャベツの葉の代わりにブドウの葉を使う)のように、料理に使うことができます。

また、葉を乾燥させるとハーブティーとして利用できます。紅葉した葉のハーブティーには酸味がありますが、紅葉していない葉では酸味が弱くなります。

葉には果実の2倍以上のポリフェノールなどの機能性成分が含まれているため、健康食品や化粧水の原料としても期待されています。実際に、ブドウの葉のエキスを含有した製品が市販されています。

ブドウ栽培農家が利用しているものに、春先の剪定した枝の切り口から出てくる樹液があります。その樹液を肌に塗ると、張りや潤いが出るといわれ、実際に栽培している者でないと使う機会のない天然の化粧水です。

※果実以外を利用する場合は無農薬で栽培しましょう。

December
12月

今月の主な作業

- 基本 整枝・剪定
- 基本 土づくり(庭植え)
- 基本 落ち葉の処理
- トライ 防寒(主に寒冷地)

基本 基本の作業
トライ 中級・上級者向けの作業

12月のブドウ

落葉すると枝は休眠に入ります。休眠期には、来年の生育のために剪定を行います。短梢剪定をする場合、これからくる寒さで枝が切り口から枯れないように、長めに切る予備剪定を行いましょう。

寒波の強い年に限らず、秋になっても新梢が伸びて登熟不良(90ページ)となった木は、低温や乾燥の被害を受けやすいので、株元の敷きわらや水やりなどで乾燥を防ぎます。特に、東北地方以北では凍寒害対策が必要です。

剪定は、よい果実の収穫と樹勢の調節のために大切な作業。

主な作業

基本 整枝・剪定
　1月に準じます(30ページ参照)。

基本 土づくり(庭植え)
　10月に準じます(77ページ参照)。

基本 落ち葉の処理
　11月に準じます(78ページ参照)。

トライ 防寒(主に寒冷地)
　11月に準じます(78ページ参照)。

Column
水やりで防寒

この時期は落葉し、枝は休眠しているため、水やりを忘れがちになりますが、水分は枝や幹から蒸散して乾燥します。

ブドウは耐寒性が強く、新梢が十分に登熟していれば－約10℃の低温にも耐えますが、乾燥すると凍害が誘発されます。そのため、東北地方以北の枝が凍るような寒冷地では、厳寒期が訪れる前に十分に水やりをして枝に水分を与えておくと、貯蔵デンプンの低温による糖化がスムーズに行われ、凍害を防ぎます。

今月の管理

- ☀ 戸外の明るく風通しのよい場所
- 💧 鉢植えは鉢土の表面が乾いたら、庭植えは不要
- 🌱 不要
- 🐛 落ち葉や巻きひげを取り除く

管理

🪴 鉢植えの場合

☀ **置き場**：明るく風通しのよい場所

💧 **水やり**：鉢土の表面が乾いたら

鉢底から流れ出るまで、たっぷりと水を与えます。

🌱 **肥料**：不要

🌿 庭植えの場合

💧 **水やり**：不要

🌱 **肥料**：不要

🪴🌿 病害虫の防除

病原菌や害虫の温床を減らす

寒さとともに、病害虫の発生は減っていきますが、枯れた巻きひげや落ち葉の中や下で、病原菌や害虫が越冬しています。株元は常にきれいに掃除し、巻きひげや落ち葉は庭の外で処分しましょう。

枯れた巻きひげ
病原菌が潜んでいる可能性があるので、剪定時などに取り除く。

Column

オリジナルの新品種をつくる

ブドウは新品種づくりが容易です。交配をしなくても、タネありブドウのタネをまくだけで、容易に新品種が生まれます。

例えば、'巨峰'のタネをまいて出てきた苗木は、'巨峰'と似てはいても、同一品種ではありません。運がよければ、タネをまいて出てきたブドウの果皮の色が、親品種と違うこともあります。黒色系品種から白色系品種が生まれたり、白色系品種から赤色系品種が出てきたりするのです。

タネまきは、果粒からタネを取り出して水洗いし、清潔な用土を入れた鉢にまいて土をかぶせます。用土の表面が乾いたら水を与え、冬の低温下で管理すると、春に発芽します。

ブドウは、果樹のなかでは、タネをまいてから果実が実るまでの期間が比較的短く（とはいっても3年ほどかかりますが）、ほかにはないオリジナル品種を育成することができます。

来年の園芸計画に、新品種づくりを加えてみてはいかがでしょうか。

ブドウの病害虫

病気

うどんこ病

→ 59ページに写真

[発生状況] 5月〜10月下旬まで発生し、開花期から7月にかけて多発する。夏の冷涼少雨、初秋の低温乾燥で多発しやすく、発生は雨よけ栽培で多い。

[症状] 発病初期は、葉表に点々と直径3〜5mmほどの白い病斑が現れ、病気が進むと白い粉状のカビで全面が覆われる。

[対処] 症状が軽く、気温が高い時期は、散水して空中湿度を上げ、まん延を防ぐ(気温が低い時期ではべと病の誘発のおそれがある)。多発した葉や果房は取り除いて庭の外で処分する。薬剤を使う場合は発病前からの予防散布が重要(イデクリーン水和剤など)。

防除の基本

日々の防除

❶病気が発生した葉や果房などは、伝染源をなくすために、見つけしだい取り除いて庭の外で処分します。
❷ブドウの病気の多くは雨で伝染するので、袋かけ、傘かけ、雨よけ栽培を行うと、発生を抑制できます。
❸害虫は見つけしだい捕殺します。
❹病害虫は樹勢の弱った木で発生しやすいので、日々の作業や管理により木を健全に育て、予防と再発防止に努めます。

薬剤を使う場合

❶ブドウの場合、薬品のラベルや説明書の「作物名」の欄に、「果樹類」「落葉果樹」「ぶどう」と明記されたものを使用します。
❷作物名のほか、ラベルや説明書に書かれた内容を厳守します。下はその例です。
・「適用病害虫名」(効果がある病害虫)
・「希釈倍数(希釈倍率)」(散布時に薬剤を薄める濃度)
・「使用回数」(1年間に使える回数)
・「使用時期(収穫○日前までなど)
　そのほかの注意事項もよく読んでから使用しましょう。薬剤は発生前から発生初期の散布が効果的です。

べと病

→ 59 ページに写真

[発生状況] 5～10月で適度に雨があり、低めの気温が続くと発生が多い。特にブドウの組織が柔らかい5～6月に発生しやすく、新梢が秋になっても伸びている場合は晩秋まで発生が続く。病原菌は発病葉の組織で越冬する。

[症状] 若葉では、葉脈を越えて病斑が広がり、葉裏全体に白色の毛足の長いカビが生える。

[対処] 果房に発病すると被害が大きくなるため、特にブドウの生育初期に注意深く観察し、発病を見つけしだい被害部位を取り除いて庭の外で処分する。水はけをよくする。病原菌は雨で広がるので、雨よけをする。薬剤はイデクリーン水和剤など。

黒とう病

→ 59 ページに写真

[発生状況] 萌芽期の雨で伝染し、5月上旬から新梢などの柔らかい部分で感染が始まる。夏に減少するが、秋雨があると10月下旬まで続く。病原菌は、結果母枝や巻きひげなどの病斑部分で越冬する。

[症状] 葉の展開初期から葉に小黒点病斑が現れる。いったん発病すると、その後多発する可能性が高い。

[対処] 発病した枝や葉は速やかに除去し、庭の外で処分する。特に巻きひげは極力除去する。雨よけ栽培にすれば薬剤散布は不要。薬剤はイデクリーン水和剤など。

晩腐病（おそぐされ）

→ 59 ページに写真

[発生状況] 6～7月の梅雨時期と、成熟時期の2回。

[症状] 主に果実に発生し、着色初期の果粒の表面に淡褐色で輪郭の不明瞭な斑点が現れる。

[対処] 発病した果実は速やかに取り除いて庭の外で処分する。病原菌は雨水などで周囲に広がるので、早めに袋かけや傘かけを行う。雨よけ栽培にすれば発生を抑制できる。発病すると手遅れなので、薬剤は前年の発生状況を考慮し、イデクリーン水和剤などで発病前の予防散布に重点を置く。

灰色かび病

→ 59 ページに写真

[発生状況] 病斑部で越冬していた病原菌が、5月ごろに風で飛散し、組織の軟弱な部分から感染する。

[症状] 開花前の花房では、初め果梗の一部が淡褐色に腐り、次第に黒褐色に軟化する。特に柔らかい果軸の下半分が侵されやすい。蕾では頂部に変色部ができ、そこから全体が腐っていく。

[対処] 湿度が高いと発病が助長されるので、茂りすぎた枝葉は間引きや

摘心を適宜行い、風通しをよくする。落花後、果実に付着している花冠はできるだけ落とす。薬剤は発病初期にピクシオDFなどを散布する。

苦腐病(にがぐされ)

[発生状況] 5月ごろから雨で感染する。病原菌は被害果の近くにあった巻きひげやひからびたミイラ果で越冬。

[症状] 発病初期から中期は、果実の表面に小粒点が現れ、やがて黒色で粘質の胞子塊が現れる。症状が進むと果実はミイラ化し、果梗が褐変する。

[対処] 発病した枝や巻きひげなどを切り取り、庭の外で処分する。病原菌は雨水などで周囲に広がるので、早めに袋かけや傘かけを行う。雨よけ栽培にすれば発生を抑制できる。薬剤は開花終了時までにトップジンM水和剤を散布。

褐斑病(かっぱん)

[発生状況] 5月ごろの雨によって伝染し、8〜9月ごろが発病のピーク。

[症状] 地面に接した下葉から発病し始め、次第に上へ病気が広がる。葉の病斑は黒褐色、円形、不明瞭な円形。

[対処] 病原菌は雨水などで周囲に広がるので、早めに袋かけや傘かけを行う。雨よけ栽培にすれば発生を抑制できる。薬剤はイデクリーン水和剤など。

褐斑病の病斑

白紋羽病(しろもんば)

[発生状況] 土壌性病害。土壌中の病原菌は5〜30℃で生育し、適温は25℃であるため、3〜11月と広い時期に発生する。土壌中の病原菌は地表下40cm程度までに見られる。

[症状] 発生初期は、葉色が淡くなって新梢先端の伸びが悪くなる、成熟期が早まる、葉が黄化して早く落葉するなど。病気が進行すると、新梢の伸びや枝の登熟が悪くなり、果粒は小粒となり、やがて衰弱して枯死する。数年間にわたって慢性的に発病している状態の場合と、夏季の乾燥期や収穫後に急激に枯死する場合がある。

[対処] 病原菌は未熟な有機物で増殖するので、土と混和するのは完熟堆肥のみとする。根が侵されているため、幹のまわり0.5〜1mほどの範囲の土を、根を傷めないよう約30cmの深さに掘って根を露出させ、ひどく侵されている根は健全な部分を残して切り取る。根の表面だけ侵されているものはワイヤーブラシで病斑部を削り取る。処理後はフジワン粒剤などを施用しながら埋め戻す。

ブドウの病害虫

害虫

コウモリガ

→ 59ページに写真

[発生状況] 草本類で体長2cm程度に成長した幼虫が、5～6月にブドウの枝や幹に食入を始める。成虫は9～10月に発生。雌は夜間に飛びながら2000～4000個の卵をばらまく。

[症状] 最初は表皮を環状に食害し、幹や枝の木質部に侵入すると、食害しながら内部を主に上部に向かって進む。虫の食害部分や侵入口は、幼虫が木くずやふんを糸でつづったふたで覆い隠されている。

[対処] 草本類からの移動を阻止するため、株元を除草する。虫がいる穴のふたを除去し、針金を入れて幼虫を刺殺する。薬剤はガットサイドSなど。

コウモリガの幼虫退治
穴を覆うふたを外し、中にいる幼虫を刺殺する。

スカシバ類（ブドウスカシバ、クビアカスカシバなど）

→ 59ページに写真

[発生状況] ブドウスカシバは、成虫が5月中旬～6月上旬に発生し、幼虫で越冬する。クビアカスカシバは、成虫が主に6～8月に発生し、特に6月中旬～7月中旬に多い。

[症状] ブドウスカシバの幼虫は枝の内部を食べる。幼虫が食入した部分は枝が紡錘形にふくらんでいる。

クビアカスカシバの幼虫は、主幹や主枝などの粗皮下を食害する。食害部から虫のふんやヤニが噴出し、そこから先の枝は、著しく樹勢が低下する。

[対処] ブドウスカシバは、剪定時に紡錘形にふくらんだ被害枝を切って庭の外で処分するか、枝内部の幼虫を刺殺する。薬剤は、成虫が産卵する5～6月にサイアノックス水和剤などを散布する。

クビアカスカシバは、虫ふんやヤニの噴出部の中にいる幼虫を探して捕殺する。被害部および近くに複数の幼虫がいる場合も多いので、よく観察して見逃さないようにする。冬に主幹や太い主枝の粗皮削り（38ページ参照）を行い、被害の有無を確認する。薬剤は、成虫が発生する6～8月にサムコルフロアブル10などを散布する。

ブドウトラカミキリ

→ 59ページに写真

[発生状況] 成虫は7月下旬～10月中旬に発生し、最盛期は9月上・中旬。成虫は新梢の芽の鱗片のすき間に産卵する。ふ化した幼虫が越冬する。

[症状] 越冬した幼虫が新梢や結果母枝の内部を食害する。幼虫が食入した節付近は、表皮下に虫のふんがたまって黒く見える。新梢が食入されると5～6月の伸長期に急にしおれる。加害された枝は食害部で折れやすい。

[対処] 幼虫がいる枝を見つけて剪定し、庭の外で処分する。粗皮下にいる越冬幼虫を見つけたら、刃物で削って捕殺する。薬剤は、成虫が発生する7月以降で、最盛期の8月下旬～9月上旬を中心に、ベニカ水溶剤などを散布し、成虫の産卵、幼虫の食入を防ぐ。

スズメガ類（ブドウスズメ、コスズメなど）

コスズメの幼虫
姿は恐ろしいが、毒はもっていない。

[発生時期] 幼虫は春から秋。成虫はブドウスズメは7～8月、コスズメは5～9月。

[症状] 葉身だけを食害するため、最終的には葉柄だけが残る。特徴的な食害痕なので判別しやすい。終齢の幼虫は親指大に成長する。

[対処] 見つけしだい捕殺する。土の中でさなぎになるので、土づくりのときなどに見つけたら捕殺する。

コガネムシ類（ドウガネブイブイ、アオドウガネ、マメコガネなど）

→ 59ページに写真

[発生状況] ドウガネブイブイの成虫は6月～9月中旬（7月下旬～8月上旬に多発）、アオドウガネの成虫は6～8月、マメコガネの成虫は6～8月（6月中旬～7月上旬に多発）に発生。被害は平坦地で多く、砂地気味の土壌に発生が多い。成虫は、集まり始めると次々と集団的に飛来する。

[症状] 成虫が葉を食い荒らすので、葉は網目状になる。多発すると果実まで食害を受ける。

[対処] 見つけしだい捕殺する。成虫は木を揺らすと落下するので、虫が不活発な早朝に木の下にシートを敷いて落とし、集めるとよい。薬剤はアディオン水和剤など。リンゴ、ナシ、モモなどからも飛来するので、これらの果樹園での防除も必要。

コナカイガラムシ類
（クワコナカイガラムシ、
フジコナカイガラムシなど）

→ 59ページに果実被害写真

[発生状況] 一年中。クワコナカイガラムシは卵で越冬し、幼虫は5月上中旬、7月上中旬、8月下旬〜9月上旬の3回発生する。

[症状] 体長3〜4mm程度の虫が枝や葉で樹液を吸う。寄生された部位や、その下にある枝や葉、果房に、虫の排せつ物に黒いカビが生える「すす病」が発生し、黒く汚れる。

[対処] 冬に粗皮削り（38ページ参照）を行い、あわせて粗皮のすき間や誘引資材などにいる虫を除去する。発生が多い場合は、幼虫発生期に薬剤（ベニカ水溶剤など）を散布する。

フタテンヒメヨコバイ

→ 59ページに被害葉写真

[発生状況] 4月下旬ごろから成虫が現れ、幼虫は6〜7月、8月、9月の年3回発生する。成虫で越冬する。

[症状] 幼虫が葉裏で樹液を吸う。吸汁された葉は白いカスリ状となる。多発すると、虫の排せつ物に黒いカビが生える「すす病」が発生し、葉や果実が黒く汚れる。吸汁により、新梢の成長が悪くなり、果実の着色や糖度上昇が妨げられる。激発すると初秋に落葉して樹勢が衰え、翌年の萌芽が不ぞろいになることがある。

[対処] 周辺の草むらや落葉下で多く越冬するので、周囲の除草や清掃に努める。枝葉が茂りすぎると多発するので、新梢の摘心や副梢の取り除きなどを行い、風通し、日当たりをよくする。薬剤はアディオン水和剤など。

フタテンヒメヨコバイの成虫
体長は3〜4mm程度で、捕殺は難しい。

ブドウネアブラムシ
（フィロキセラ）

[発生状況] 6月と秋に多発。乾燥しやすい砂地や傾斜地で発生が多い。

[症状] 幼虫や成虫が根と葉に寄生して樹液を吸う。その刺激で虫こぶがつくられ、養水分の流動が悪くなって木の生育が阻害される。地上部では萌芽不良や不ぞろい、葉の退色、花ぶるいなどの症状が現れる。

[対処] 苗の購入時に、耐虫性台木を使用した苗を選ぶことが、基本的かつ最も効果的。とり木苗やさし木苗では、いったん発生すると薬剤でも根絶は難しい。薬剤はモスピラン粒剤など。

ブドウのトラブル

花房や果房のトラブル

花ぶるい

→ 69ページに写真

[症状] 開花しても受粉、受精せずに花が落ちたり、受精してもすぐに成長が止まって落果したりする。
[原因] 樹勢が強く、養分が新梢の伸長に奪われ、果実に回らないため。
[対策] 開花時に新梢を摘心して樹勢を抑えます。新梢の摘心→48ページ

着果不良

[症状] 果実の着生が悪い現象。
[原因] 花ぶるいのほか、樹体内の貯蔵養分の不足、日照不足、枝葉や根が盛んに成長する栄養成長に偏っているなどにより、果房の数が減ります。
[対策] 前年の落葉前にお礼肥を施します。副梢を取り除いて日当たりをよくします。花芽分化の時期（26ページ参照）に、新梢を水平方向や下方向へ誘引したり、摘心したりして枝の伸びを抑え、樹勢を落ち着かせます。お礼肥→75ページ　副梢の取り除き→47、57ページ　新梢の摘心と誘引→45、48ページ

着色不良

→ 69ページに写真

[症状] 果実の成熟時期になっても、果皮の着色が不十分な状態。
[原因] 果粒着色期（10ページ参照）の高温、果実数の過多、樹勢が強い、早期落葉などです。
[対策] 高温が原因であれば、鉢植えでは涼しい場所へ移動させ、庭植えでは高温期に樹上に散水します。

　また、糖が多いほど果皮の色は濃くなるため、果房の数を減らし、1果房に分配される糖の量をふやします。枝を環状剥皮すると、剥皮した部分より先の葉でつくられた養分が根に行くことを遮断でき、結果として糖がふえて果皮の色が濃くなります。

　早期落葉が原因なら、適切な水やり、病害虫の適期防除、追肥などです。着色期以降、土壌を乾燥状態にすると着色が向上しますが、反対に早期落葉を招くので、過度な乾燥は避けます。

高温対策→71ページ　摘房→52ページ　環状剥皮→90ページ

裂果

→ 69 ページに写真

[症状]　果粒軟化期（51 ページ参照）以降、果皮の一部が裂け、果肉が露出する。小果梗のつけ根部分や、果粒の頂部に発生しやすい。

[原因]　果皮の発育が、果肉の発育より小さいときに起こります。発生しやすいのは果皮の薄い品種です。

　土壌の保水力がない場合、土が乾いたあとに雨が降ると多発します。また、果粒が果房内で密着しすぎると、果粒の肥大に伴って発生します。

[対策]　果粒軟化期以降の水やりを控えめにします。株元にわらなどを敷き、土壌水分の急激な変化を抑えます。水はけをよくします。摘粒をします。ジベレリン処理の１回目をやや早めに行って果軸を伸ばし、果粒密度を下げる方法もあります。

敷きわら→50ページ　摘粒→60ページ　ジベレリン処理→54ページ

日焼け

→ 69 ページに写真

[症状]　直射日光が当たっている果粒部分の細胞が茶色く壊死する。

[原因]　果実が 35℃で 3.5 時間、40℃以上で１時間程度遭遇すると発生するといわれます。特に果粒軟化期の初めに発生しやすくなります。

[対策]　袋かけや傘かけを行います。果房付近の葉の摘み取りは最小限にして、日の当たりすぎを避けます。日ざしが強い場合は日よけをします。袋かけ、傘かけ→ 62 ページ　日よけ→ 71 ページ

ショットベリー

→ 69 ページに写真

[症状]　生育が停止し、成熟期になっても果粒が小さく未熟な状態。

[原因]　主にジベレリン処理が早すぎたために、果粒中に、植物ホルモンのオーキシンの含有量が高くなる。

[対策]　若木や樹勢の強い木で発生しやすいので、チッ素肥料を控え、新梢の摘心や誘引、副梢の取り除きなどで樹勢を落ち着かせます。ジベレリン処理の時期をやや遅らせます。

新梢の摘心と誘引→48、64ページ　副梢の取り除き→45、47ページ　ジベレリン処理→54ページ

脱粒

[症状]　収穫した果房から、果粒がポロポロと取れる。

[原因]　果粒の完熟から過熟気味が原因。脱粒の程度は品種により差があり、特に巨峰群は脱粒しやすいです。

[対策]　花房整形で、蕾が密着している先端部を残します。ただし、糖度の高い果粒ほど脱粒しやすいものです。花房整形→ 52 ページ

枝や葉のトラブル

負け枝

[症状] 太い新梢が発生し、その先の結果母枝の生育が悪化して枯れる。
[原因] 主枝が太い新梢に養水分を奪われるためです。
[対策] 強くなりそうな新梢は、摘心や環状剥皮を行って勢いを弱めます。ただし、負け枝になってしまったら、勝ち枝（太く樹勢が強くなった枝）を主枝に切り替えます。新梢の摘心と誘引→48、64ページ

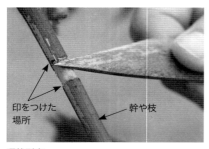

環状剥皮
表皮をはがす部分に印をつけ、形成層に達するまでリング状に表皮をはぐ。

早期落葉

→74ページに写真

[症状] 健全な木が落葉する11月より、早く落葉する。
[原因] 水分不足、枝の過繁茂による日照不足、病害虫の発生などです。早期落葉により、養分の貯蔵期間が短くなり、枝の登熟不良も招きます。
[対策] 収穫後も定期的に水やりと病害虫防除を行い、新梢の摘心や副梢の取り除きによって、樹冠内部の明るさを確保します。新梢の摘心と誘引→48、64ページ　副梢の取り除き→45、47ページ

登熟（とうじゅく）不良

[症状] 新梢の伸びが秋以降も止まらず、枝が茶色く木化しない。木化しない枝は寒害に弱くなる。
[原因] 強い樹勢や日照不足です。
[対策] チッ素施肥を控えます。新梢を摘心し、日当たりをよくします。
新梢の摘心と誘引→48、64ページ

なぜ樹勢を抑えるとよいのか

　ブドウを栽培していると、木を大きく丈夫に育てようと思い、つい肥料や水を多めに与えてしまいます。すると枝、葉、根など、果実とは関係ない器官が成長する「栄養成長」が盛んになります。栄養成長が盛んになると、枝や葉が混み合い、病害虫

そのほかのトラブル

購入した実つきの鉢植えが、翌年着果しない

[症状] 新梢の伸びはよいが着花しない、着花するが肥大前に落花（落果）する、新梢の成長も着花も悪いなど。

[原因] 樹体内の貯蔵養分不足が大きな原因です。市販の実つき苗には、成木の結実した枝をとり木したものがあります。それらは発根後に親株から切り離されたので、翌年の成長や結実に必要な貯蔵養分が不十分です。

また、日照不足や、何年も植え替えていない鉢で根詰まりから養分の吸収不足になっている例もあります。

[対策] 適正量の肥料を施します。根詰まりした株は根を切って植え替え、新根を発生させます。鉢植えは日当たりのよい場所で育てます。適正に管理すると、品種にもよりますが、翌年には小さいながらも結実するでしょう。植えつけ、植え替え→ 42 ページ

薬剤で果皮が黒くなった

[症状] 果実表面が油を塗ったように黒変する。

[原因] 落葉果樹のカイガラムシに効果があるマシン油乳剤の散布後、高温になり、薬害が発生したのです。

[対策] 高温期のマシン油乳剤の使用を控えます。この薬剤は使用時期が明記されていないため、説明書をよく読まず、高温期に使用してしまうことがあります。防除の基本→ 82 ページ

のまん延のもととなります。

　ブドウ栽培の目的はおいしい果実をできるだけたくさんつくることです。一方、植物にとって果実をつくる目的は、タネをつくって子孫を残すことです。この果実を実らせる成長を「生殖成長」といいます。木は、樹勢が抑えられると栄養成長から生殖成長へ傾きます。つまり、果実生産には樹勢を抑えることが大切なのです。

　ブドウは新梢が 30cm ほど伸びたら花芽分化が始まるとされ、それ以降の木は、今年成熟する果実を養いつつ、来年の花のもとをつくるという、二重の負担が強いられています。翌年の花芽を養うためには、ある程度の葉の量が必要なので、極端に樹勢が弱いとよい果実ができません。しかし、逆に樹勢が強すぎても生殖成長が進まず、よい果実はできません。

ブドウにまつわる3つの話

イスラム教と生食用ブドウの多様性

　栽培品種も含まれるブドウ属（学名は *Vitis*）の植物が地球上に現れたのは、数千万年前の白亜紀後期とされています。しかし、約100万年前の氷河期にほとんどが絶滅し、氷河期が終わって生き残ったものが、アジア西部原生、アジア東部原生および北アメリカ原生の3群をつくりました。

　ワイン醸造はアジア西部原生の野生種を用いて始まったとされています。イラン北部の紀元前5400〜5000年ごろの住居でワイン醸造が行われてきた形跡が見つかっています。また、ジョージアでは8000〜9000年前の新石器時代に、ワインのために使われたと見られる陶製の容器が見つかることから、ワイン醸造発祥の地は黒海沿岸と考えられています。

　ブドウ栽培とワイン文化は、西はメソポタミア→エジプト→エーゲ海の島々→ギリシャ、やがてローマへと伝わり、カエサルのガリア支配によりヨーロッパの広い地域にブドウ栽培が広まりました（後述）。黒海沿岸から東の地域には、シルクロードにより広がっていきますが、途中の砂漠地帯にあるイスラム教圏を通る際、ブドウ栽培に変化がもたらされました。飲酒を戒めているイスラム教では、ブドウは醸造には使えず、生食用や干しブドウ用として利用されました。そのような目的では、大粒や、変わった形のものが好まれ、小粒で果皮の厚い醸造用ブドウは淘汰されていきました。

　イスラム教圏より東の中国では、すでに穀類を用いた醸造技術が確立していたため、ブドウは酒の原料としては利用されず、極東地域に来るころにはほぼ生食用品種だけとなりました。そして、醸造用品種ではせいぜい果皮の色や香りの違いしかなかったのですが、禁酒地域を通過すると、果粒の形、大きさなど多様な品種が生まれることになりました。

ローマ時代のブドウ栽培

　ローマ帝国のヨーロッパ侵攻で、ブドウに関して興味深いことが起きています。ローマ人は侵攻地域にブドウを植えたので、3世紀ごろにはヨーロッパのほぼ全域にブドウ栽培とワイン醸

造が広まりました。ブドウ栽培は、ワイン好きなローマ人が、侵攻地域でも自由にワインを飲めるように広まったわけですが、その裏には戦略的な目的が隠されていました。

　ワイン醸造にはブドウが必要です。そのために山林をブドウ園に開墾します。ブドウを収穫すると、運搬のために道路を整備する必要があります。栽培面積を広げたり収穫がふえたりすると、人手が必要となります。この、何でもないことのなかに、じつに巧妙に戦略が隠されています。ブドウ園のための山林開墾は、見晴らしをよくして敵の隠れる場所を減らします。収穫物運搬のための道路整備は、軍隊の交通路の確保につながります。収入の安定しない狩猟民族に対してブドウ栽培やワイン醸造を行わせ、ワインを買い上げることにより、経済的に安定した生活を与えます。すると、人民は不満をもつこともなくなり、統治しやすくなります。

　この時代のブドウ栽培は、ブドウの枝をニレやポプラの木に絡ませる仕立て方をしていました。収穫の際にこれらの高木に登り、しばしば枝が折れて大けがや墜落死する者も多くいたため、雇用主は不慮の災害に対する補償をあらかじめ約束して人手を確保していました。これが現在の生命保険のもととなったという説があります。

果実の香り

　ブドウ果実の香りには、「フォクシー香」「マスカット香」などがあります。この香りは直接鼻で嗅いだものではなく、果実を口にして、口から鼻に抜けるときに感じるものです。

　フォクシー香（foxy flavor）はアメリカブドウ（学名は *Vitis labrusca*）に特有の香りで、由来はアメリカブドウを fox grape と呼ぶことからきています（なぜアメリカブドウを fox grape と呼ぶのかわかっていません）。また、フォクシー香はラブルスカ香（ラブラスカ香）とも呼びますが、これは学名からきています。フォクシー香の主成分はメチルアンスラニレートです。

　ヨーロッパブドウの'マスカット・オブ・アレキサンドリア'に代表される香りがマスカット香で、主成分はリナロール、ネロール、ゲラニオール、α-テルピネオール、シトロネロールとされています。マスカット香のするブドウで醸造したワインが古くなると、イモ焼酎のようなにおいに変化します。じつはマスカットワインとイモ焼酎の香りの主成分は同一なのですが、初めは主成分の比率が違っており、時間経過によりイモ焼酎の成分比率に近づいていくためです。なので、マスカットワインはなるべく早いうちにお召し上がりください。

Term Nav.

用語ナビ

「新梢ってどんな枝？」「摘粒はいつ？」。
わからない用語があったらここを見てください。
この本の栽培や品種の用語をナビゲートします。

● このページの使い方
数字は用語の説明や作業の方法、写真があるページです。ここに説明を記した用語もあります。

あ

雨よけ　49
あんどん仕立て　32, 36
一文字仕立て　33
植えつけ、植え替え　40, 42〜43, 78
栄養成長　90〜91
X字型自然形仕立て　33
H型平行仕立て　33
欧州種　12
欧米雑種　12
落ち葉の処理　78
オベリスク仕立て　37
お礼肥　75
　果樹では、収穫後に樹勢を回復させるために、お礼の気持ちを込めて施す肥料。

か

害虫　59, 85〜87
垣根仕立て　32, 34〜35, 36
果梗　9
傘かけ　57, 62〜63
果粉　73
果房　8〜9
花房　9
花房整形　49, 52〜53
果粒　9

果粒軟化期　51
果粒肥大期　51
環状剥皮　90
犠牲芽剪定　31
巨峰群　13
結果枝　8
　果実がついた枝。
結果母枝　8
高温対策　71
紅色系品種　13, 18
黒色系品種　13, 14
混合花芽　9, 28
　ブドウは1つの芽から伸びた1新梢に葉も花もつく。このような葉と花のもとを含んだ芽を混合花芽と呼ぶ。

さ

支線
　支柱などに設置して、枝を誘引してブドウの木を支える針金。
自然形仕立て　33, 35
ジベレリン処理　49, 54〜55
収穫　66, 70, 73
主幹　8
樹冠　木の、葉が茂っている部分。
主枝　8, 33
樹上選果　66, 69
樹勢　90〜91
　木の勢いのこと。樹勢が強いとは、勢いのある新梢が多く伸びてくる状態。
小果梗　9
ショットベリー　69, 89
真珠玉（真珠腺）　57

新梢　8～9
　その年に伸びた枝。
新梢の摘心　48, 57, 64, 67
　その年に伸びた枝を切り戻すこと。
整枝・剪定　28, 30～31, 40
生殖成長　91
施肥（鉢植え）　58
早期落葉　74, 90
粗皮削り　38～39

た
脱粒　89
棚仕立て　32
短梢剪定　30～31
着色　10, 51, 69
着色系品種　13
着色障害　69, 88
着色不良　88
着果不良　88
鳥害対策　67
長梢剪定　30～31
土づくり　76～77
摘心　→新梢の摘心
　徒長を止めたり、木が大きくなることを抑えたりするために、枝の先端部を摘むこと。
摘房　49, 52
摘粒　56, 60～61
登熟　75
　枝が茶色く木化すること。
登熟不良　90
とり木　57, 65
鳥よけ　→鳥害対策

な
苗　13, 29, 37
軟化期　→果粒軟化期
2倍体　13
捻枝　47

は
白色系品種　13, 21
花ぶるい　69, 88
花芽　→混合花芽
花芽分化
　芽の中で、将来花になる器官がつくられること。
肥大期　→果粒肥大期
日焼け　69, 71, 89
病気　59, 82～84
フォクシー香　12, 93
副梢　8～9
副梢の取り除き　45, 47, 57
袋かけ　57, 62～63
冬芽　30
ブルーム　73
米国種　12
防寒　78, 80

ま
巻きひげ　8, 9
巻きひげの取り除き　45, 47, 81
負け枝　90
マスカット香　12, 93
間引き剪定　30
マルチング　50
　木の根元や周囲をさまざまな資材で覆うこと。
水やり（庭植え）　58
芽かき　44, 46
芽傷処理　41

やらわ
誘引　38, 44, 46, 57, 64, 67
　枝を強制的に支柱や棚などに導くこと。
4倍体　13
裂果　69, 89
ワイン専用品種　24

望岡亮介（もちおか・りょうすけ）

香川大学農学部教授。大阪府立大学大学院農学研究科博士前期課程修了。博士（農学）。専門は果樹園芸学。著書に『農業技術大系 果樹編』（農山漁村文化協会、1999年）。安全・安心な農作物についての栽培技術とあわせて、果実品質の向上技術開発に取り組んでいる。機能性成分を豊富に含む醸造用品種'香大農R-1'を作出。この品種を使ったワイン「ソヴァジョーヌ・サヴルーズ」が注目を集めている。ソムリエ・ドヌール（名誉ソムリエ。2015年）。

NHK 趣味の園芸
12か月栽培ナビ⑦

ブドウ

2017年10月20日　第1刷発行
2025年6月15日　第12刷発行

著　者　望岡亮介
　　　　©2017 Mochioka Ryosuke
発行者　江口貴之
発行所　NHK出版
　　　　〒150-0042
　　　　東京都渋谷区宇田川町10-3
　　　　TEL 0570-009-321（問い合わせ）
　　　　　　0570-000-321（注文）
　　　　ホームページ
　　　　https://www.nhk-book.co.jp
印　刷　TOPPANクロレ
製　本　TOPPANクロレ

ISBN978-4-14-040280-1　C2361
Printed in Japan
乱丁・落丁本はお取り替えいたします。
定価はカバーに表示してあります。
本書の無断複写（コピー、スキャン、デジタル化など）は、著作権上の例外を除き、著作権侵害となります。

表紙デザイン
岡本一宣デザイン事務所

本文デザイン
山内迦津子、林 聖子、大谷 紬
（山内浩史デザイン室）

表紙撮影
田中雅也

本文撮影
田中雅也
伊藤善規／今井秀治／上林徳寛／
筒井雅之／福田 稔／丸山 滋

イラスト
五嶋直美
タラジロウ（キャラクター）

校正
安藤幹江／高橋尚樹

編集協力
小葉竹由美

企画・編集
相原佳香（NHK出版）

取材協力・写真提供
香川大学農学部／望岡亮介／谷川晶保
草間祐輔
芦川ナーセリー／アンディ＆ウィリアムス
ボタニックガーデン／笛吹川フルーツ公園／
岐阜大学／竹田重邸／山梨県果樹試験場／
農研機構果樹茶業研究部門
（河野 淳、須崎浩一、新井朋徳、井上広光）／
アルスフォト企画／PIXTA